KB194135

Beyond Costume 비욘드 코스튬

# 동양
# 복식사

Beyond Costume 비욘드 코스튬

# 동양 복식사

편저자    스기모토 마사토시 杉本正年

옮긴이    조우현

민 속 원

# 역자 서언

서울에서 쿠차까지 긴긴거리를 남북으로 동서로 돌아보면 아시아의 광활한 지역, 다종다색의 사람들이 만들어 놓은 삶의 자취는 진정 흥미진진하다. 동서남북의 서로 다른 기후풍토지역에 울긋불긋 수놓인 사람들의 복식은 야생화 속에서 더욱 아름답다.

동양복식사를 수년 강의하며, 학생들에게 소개할 교재나 참고자료가 마땅하지 않은 그 즈음에 의생활연구회의 컬러슬라이드 동양복식사를 접했을 때는, 여기저기 흩어져 있는 작고 큰 호수를 보다가 갑자기 커다란 바다를 만난 기분이었다. 당시 하라다선생의 『漢六朝の服飾』, 『唐代の服飾』그리고 沈從文선생의 『中國古代服飾史硏究』, 『中國服裝史綱』 등 대가의 중국 자료들이 스터디 되었지만, 고대일본어본이거나 중국어본이어서 학생들이 쉽게 접근하는 것이 만만하지 않았다. 게다가 아시아, 동양 전체를 전반적으로 둘러볼 복식문헌이 거의 미비한 실정이었다. 지금 이 책을 세상에 내어 놓는 것은, 이런 저런 나라들의 복식사, 민속복식 출판물을 중심으로 동양복식을 둘러보던 중, 체계적으로 정리가 어려운 지역과 역사부분의 복식에 대하여 전반적 흐름을 일별하기에 접근이 용이하도록, 스

키모토선생의 『カラースライド東洋服飾史』를 소개하고자 한 연유이다. 한 학기 강의를 하며 후배 제자들과 정리한 자료들이 초석이 되어 새로운 편집본을 선보이게 되었으나 시간이 많이 지나갔다. 원래는 부록으로 뒤에 편집된 230여 장의 이미지들을 본문 중에 편집하여 텍스트와 함께 볼 수 있도록 하였다. 「カラースライド東洋服飾史」는 근 30여 년 전에 출간된 내용으로, 이미지의 선명도가 그다지 좋지 못한 편이다. 그 후 새로운 고고학적 발굴성과로 인한 자료는 업데이트하거나 역사의 오류 등은 간혹 각주를 달기도 하였다. 스키모토선생은 이미 「ペルシア 流浪記」를 공역으로 남기고 이후 『東洋服裝史論考』 古代編(1979)과 中世編(1984)을 의욕적으로 출간하여 학계에 큰 공헌을 하였다. 『동양복장사논고』 고대편과 중세편은 동의대학교의 문광희교수가 이미 수년전 번역서로 출간하였다.

　아시아 동양지역은 복잡다단한 역사와 문화, 기후, 풍토, 종교 등의 엄청난 광대함으로 동양복식사를 체계적으로 논하기에는 많은 시간이 이후에도 소요될 것으로 보인다. 이는 최근 학문의 연구동향이 실용과 과학에 집중하여 순수학문이 외면되고 있는 것도 발목을 잡히는 부분이다.

　요행히 한국·중국·인도·일본 등 각국의 개별복식사를 다룬 자료들을 위실과 날실로 하여 문양을 넣고 염색으로 직조하고, 최근 고고학적 발굴성과 등을 모으면 전체성을 섭렵할 수 있는 직물을 짜낼 수 있을 것이다. 이를 위한 기초작업의 하나로 『カラースライド東洋服飾史』를 『비욘드코스튬 동양복식사』로 선을 보인다. 본 편역서를 낼 수 있도록 적극 도와주신 도서출판 민속원의 홍종화 대표님께 감사를 드리며 봄이 오기를 기다린다.

　또한 저자 스키모토선생께 사의를 표하며 선생의 후기도 함께 덧붙인다.

2013. 3.
역자 조우현

# 저자 후기

소련과 만주 국경의 노몬한Nomonhan에서 관동군과 외몽골군이 치열하게 싸우고 있을 무렵 저자는 대륙으로부터 명령을 받아 동지나해를 건넜다. 그 후 이상하게도 노몬한 가까이 후룬베이얼 Hulunbuir 초원에서 몽골인이나 퉁구스인들인 유목민들을 친구삼아 매일 매일을 지내면서, 몸의 속 속까지 양냄새가 파고들어 그리 서툴지 않게 원주민과 대화가 이루어지게끔 되었을 때, 태평양전쟁 은 이미 끝나가고 있었다. 유목민족에게 건 청춘의 꿈은 맥없이 무너져 버리고 상심자실의 상태로 일본으로 퇴각되었다. 물을 떠난 물고기가 육상에서 안주할 곳을 찾아내기란 매우 힘들었다.

마음에도 없는 글쓰기와 각종 학교에서 일용직 교사와 같은 일로 겨우 입에 풀칠을 하면서 견디어 나가고 있을 즈음, 현지에서 중단된 청춘의 꿈을 책으로 되살리려는 뜻을 품고 동양문고나 게이오대학慶応大學의 연구실을 두드리며 문헌을 찾아다녔다.

그때 알게 된 지인으로부터 동양의 복식을 정리해보지 않겠느냐는 권유가 있었다. 태어나 서 복식이라는 것에 인연이 전혀 없던 완고한 서생에게, '당시 아무도 손을 대고 있지 않다'는 것이 최대의 매력으로 다가왔다.

그러나 어디부터 시작해야 좋을까 암중모색 상태로, 입문서도 연구서도 전혀 없는 지경에 서 단지 유일한 실마리가 된 것은 하라다 요시히토原田淑人 박사의 학술원상 3부작이 있었지만, 그 것도 중국의 당대唐代 이전에 그치고, 중근동에서 조선반도에 이르는 광대한 아시아 5천 년에 걸치 는 복식의 역사를 재현하려는 작업은 무모하기 그지없었다. 이후 20여 년 지금도 동양복식사의 광 대한 저택의 문 앞에서 서성이고 있으면서 현관문에도 도착하지 못하였으나 출판사의 권유에 못이 겨 지금까지 경과보고 겸 수집한 자료를 초심학자를 상대로 내보이기로 하였다.

학문의 길이란 항상 미완성에 머무를 수가 없으니 금후 20년 살아있다고 해도, 나아가 동 양복식사 현관문에 도달할 수 있을지 확신할 수 없다. 그러나 이 작은 이정표로 인하여 동양의 복식 에 관심을 갖은 사람이 한사람이라도 나타난다면 필자는 뜻밖에 기쁨이 될 것이다.

1978

杉本正年

7

# 차례

# 제3장 동양 중세의 복식

# 제4장 근세전기의 복식

# 제5장 근세후기의 복식

# 제1장  동양복식사란
## 무엇인가?

# 1. 복식사의 문화사적 위치

## 복식과 문화

인간생활의 기본요소는 의·식·주인데 이 중에서 다른 동물이 가지고 있지 않은 것이 衣의이다. 인간은 불을 지배하고 도구를 발명함으로써 문화를 소유하게 되었고, 동물 세계에서 이탈할 수 있었다. 衣의도 역시 인간에게 문화를 초래한 도구의 하나로 볼 수 있다. 衣의의 도구적 측면으로는, 추위나 더위의 자연 조건으로부터 몸을 지키고, 맹수와 해충의 피해를 막는다는 소극적인 목적으로 신체를 둘러싸는 옷과 쓰개, 발을 보호하기 위한 신의 사용을 들 수 있다. 또한 인간은 생활권을 확대하고 식생활을 확보하기 위해서 자연환경을 극복하고 행동 반경을 넓히려고 하였으며 이에 필요한 의복을 적극적으로 생각하여 냈다.

하나의 허리끈도 수렵·채집민들에게는 무기와 수확물을 휴대하는 중요한 도구이었고, 유목 기마민족은 승마를 위하여 '바지'라는 편리한 복장을 고안하였다. 유라시아 북부의 한랭하고 눈이 많은 지대에서는 수렵 도구로서 장화와 冬鐵동철1)이 만들어졌고, 동남아시아의 무논농업2)을 위하여 논나막신과 삿갓이 발명되었으며, 서아시아의 자갈길과 작열하는 사막을 걷기 위해서는 가죽 샌들이 등장하였다. 이와 같이, 衣의는 인간의 생산 증대를 위해 불가결한 도구로서 그 기능성과 실용성을 추구하면서 발전하여 왔다.

그러나 복장은 단순히 도구로서만 존재하지는 않았다. 인간이 지니고자 하는 아름다움, 강대함, 성스러움을 향한 동경과 바람이 장식의 의미로서의 복장이 발전되었다. 이러한 복장은 인간 개인을 아름답고 강대하게 보이도

1) 얼음 위를 걸을 때 미끄러지지 않게 하기 위하여 신의 바닥에 편자를 붙인 것.
2) 물이 있는 저습지대에서 하는 농업.

록 하는 복장이기도 하였지만, 특히 부족과 민족이라는 사회집단을 상징하는 symbol심볼로서, 또 신앙과 예술이라는 고도의 정신문화의 표현으로서의 역할을 담당하여 왔다.

한반도 신라 유적 출토품의 눈부신 금관과 여러 가지 장식품, 중국 馬王堆漢墓마왕퇴한묘 유품의 비단 자수 의상, 唐代당대 묘 벽화에 그려진, 궁녀의 매미 날개 같은 絹견으로 만들어진 의복, 이와 같은 하나 하나는 어떤 기능적인 것은 물론 실용성과는 거의 동떨어진 존재이다. 그러나 인간의 정신으로부터 겉치레나 장식의 욕구가 없어졌을 때에는 문화 자체도 소멸하게 된다. 이러한 의미에서 복장은, 인간의 도구로서의 문화와 장식으로서의 문화라는 양면성을 가진 존재라고 할 수 있다.


## 복식사의 자리 매김

종래 복식사 분야는 일본과 서양 중심 뿐이었고 그 사이에 위치한 동양에 대해서는 어떠한 관심도 없었다. 일본은 有職故實유직고실3)의 연장으로서, 서양은 미술사의 한 부분으로서 오직 지배계급과 상류사회에서 행하여졌던 복장만을 단지 유물이나 미술품으로서, 물건 자체의 시대적 변천을 연구할 뿐이었다.

근래들어 일부에서 복장의 역사를 풍속사 또는 생활사로서 자리 매김을 하고자 하는 움직임을 볼 수 있다. 그리고 지금까지와 같은 상류계층의 복장만이 아니라, 널리 일반 서민들에게 입혀진 소위 民俗服민속복과 저개발사회의 民族服민족복 등으로의 관심이 높아졌으며, 한편에서는 풍속 전반의 흐름 안에서 服裝現象복장현상을 해석하고자 하는 경향은 환영할 만한 것이다. 그러나 동양의 복식에 관하여 말하자면, 단지 실크로드와 동남아시아의 진

3) 유직고실(ゆうそ
く こじつ): 옛 조정이나
武家무가의 예식・전고・
관직・법령 등을 연구
하는 학문.

귀한 민족의상에 대한 호기심은 강하여졌지만 가장 가까운 한국과 중국 복식의 역사에 대한 관심은 극히 적은 것이 현실이다.

최근 일본에서 고대사 붐이 크게 일어났는데 일본의 역사는 본래 중국을 중심으로 하는 동아시아 문화권 안에서 성장하여 왔다. 일본 복식의 흐름을 생각할 경우에도 당연히 동아시아 전체 복식의 흐름을 배경으로 그 공통성과 독자성을 생각해야만 한다. 중국 4천 년 복식의 역사를 무시하고 일본의 복식사는 성립하지 않는다. 동시에 그 중국 복식에 결정적인 영향을 초래한 북방유목민족의 복식과 서아시아에서 발생한 메소포타미아와 페르시아의 복식문화가 결국은 일본의 복식 역사에까지 이르고 있는 것을 이해할 수 있다면, 동양의 복식에 대해서 관심을 가지지 않을 수가 없을 것이다.

더욱이 복식사를 역사학의 한 분야로서 본다면, 복식사만이 일본과 서양의 역사를 고수하고 있는 현상은 납득할 수 없다. 인간의 衣生活(의생활) 역사는 일본과 서양에만 한정된 것이 아니다. 옷을 입는 것은 말을 하는 것과 같이 인류의 기반 문화 중 하나이고 인류의 정신과 물질문화의 原點(원점)이기도 하다.

## 服飾(복식)과 歷史(역사)

지금까지 衣(의), 衣服(의복), 服裝(복장), 옷 등과 같이 여러 가지 단어를 사용해 왔으나, 학자에 따라서는 의복, 被服(피복), 복장, 服飾(복식), 衣裳(의상), 衣裝(의장)을 엄밀하게 구별해서 사용하기도 하며, 사물로서 볼 때는 의복(clothing), 인간이 착용한 경우는 복장(costume)이라고도 한다. 또 머리부터 아래, 발끝부터 그 위를 피복하는 것을 의복 혹은 피복이며, 신는 것과 쓰는 것을 포함한 경우는 복장이라 하며, 특히 머리장식과 귀고리 등의 장신구를 포함시키기도 한다. 그러나 이들 용어를 나누어 사용하는 것은 정해진 것도 아니고, 유럽에서도 일상어로는 그 정도로 엄밀한 구분은 하고 있지 않다. '옷을 바느질 한다'고 할 때 바른 것은 '천을 바느질 한다' 또는 '옷에 바느질 한다'라고 하여야 할 법 하지만 그것을 하나 하나 비난하는 사람은 없다. 말은 사용하는 사람과 받아들이는 측의 내용이 일치하면 되는 것이기 때문에 이와 같이 엄밀하게 정의하는 것은 오히려 곤란을 초래할 수도 있다.

어쨌든 복식은 인간의 문화이므로 인간을 떠난 복식은 존재하지 않는다. 그러나 복식사의 유물자료 대부분은 돌, 금속, 가죽, 직물 등의 물질로서 잔존하고 있으므로 유물의 형태와 소재, 문양 등을 조사하는 것이 중요하지만 그것만으로 복식사가 성립되는 것이 아니다. 언제, 어디서, 누가, 어떠한 경우에, 어떤 목적으로 그 복식을 입었을까? 또, 그 복식은 그 지역에서 만들어졌을까? 다른 곳에서 전래되었을까? 그 계통과 분포를 분명하게 하지 않으면 안 된다. 같은 시대의 회화와 조각, 토우, 도예 등의 조형미술에서 표현된 복식, 특히 일상생활이나 사회 풍속을 묘사한 것 중에 보이는 복식에 대한 연구는 그 의미상 매우 중요하다.

그러나 복식사가 역사의 한 부분, 문자로서 남겨지는 紀錄기록과 文獻문헌이 연구의 중심자료인 것은 물론이다. 단지 슬라이드만 보고 동양복식사를 이해하였다고 끝내 버려서는 본말이 전도될 것이다. 슬라이드는 어디까지나 참고자료의 일부분이라는 것을 먼저 말해 두고 싶다. 또한, 이 책의 제목을 동양복식사라고 하는 것은 장식품과 염직품을 포함하는 광의의 영역이기 때문이다.

## 2. 동양복식사 연구의 現狀<sup>현상</sup>과 課題<sup>과제</sup>

**동양복식사의 現狀<sup>현상</sup>**

동양복식사라고 하는 학문의 분야는 현재 단계에서는 아직 확립되지 않았다.[4] 그리고 동양복식사 강좌가 개설된 대학도 그리 많지 않다. 일본과 서양의 복식 연구는 활발히 이루어지고 있으나, 동양의 복식에 관한 연구는 많이 뒤쳐지고 있다. 동양미술사의 한 분야로서 염직사나 문양사의 연구는 어느 정도 진척되고 있으나, 복식사 분야로서는 체계가 거의 잡히지 않았다고 할 정도로 미개척 상태이다. 다만, 부분적인 문제나 시대에 한정하여 중국, 한국, 인도, 아라비아 등의 복식사에 관한 논문이 드물게 발표되었고, 메소포타미아와 고대 페르시아의 복식은 서양 고대복식사로서 취급되고 있다.

동양복식사가 지금까지 잊혀진 이유를 들어보면 첫째, 동양 전체의 역사적 연구, 특히 문화사, 사회사, 경제사 측면에서의 연구가 지진하고 발굴조사에 의한 고고학적 연구도 일본이나 유럽에서 진행되지 않고 있으며 또한 과거 발굴조사의 정리도 아직 충분히 되어 있지 않기 때문에 전반적으로 자료가 부족하였던 것을 들 수 있다.

둘째, 지역적으로 지극히 광대하여 서쪽으로는 지중해 동안부터 동쪽으로는 태평양 서안까지, 북쪽으로는 시베리아의 스텝지역에서 남쪽으로는 인도, 동남아시아의 몬순지대까지 유라시아 대륙의 대부분을 차지한다. 기후풍토가 여러 종류로 다양할 뿐만 아니라, 그곳에 사는 사람들은 언어, 종교, 습속을 달리하는 수백 종류의 복잡한 민족으로 구성되어 있으므로, 복식사의 대상으로서 일원적으로 취급하는 것은 불가능하다는 점이 있다.

4) 2013 현재는 대학의 교과과목으로 개설되어 학문적 체계를 이루고 있다.

셋째, 동양 전체가 근대적 서양적 감각에서 보면 문화적 후진지대이므로 그 복식이 정체적이고 변화가 크지 않아서 역사적 연구대상으로서의 흥미가 적은 것이다. 오늘날에도 중앙아시아와 서남아시아에서는 수백 년 전의 중세복장이 입혀지고 있고, 북시베리아와 동남아시아에는 수천 년 전의 고대복식이 그대로 지속되고 있다.

넷째, 복식사가 가정학계 내 피복학의 보조 교과목이기 때문에, 일본복과 서양복 구성의 참고자료 정도로 여겨졌고 동양 복식에 대한 연구자 뿐만이 아니라 연구서도 이제까지 극히 빈약하였던 것을 들 수 있다.

이상과 같은 몇 가지의 장애[5]가 있더라도 동양의 복식사적 연구가 불필요하다는 이유가 되지는 않는다. 오히려 다음과 같은 의미로 이후 더욱 더 중요한 연구 주제가 될 것이다.


### 동양복식사의 과제

동양은 인류문화의 발생지이며 인류문화의 발전단계를 나타내는 수렵, 채집, 농경, 유목의 모든 생산양식이 나란히 존재하고, 인류 문화사의 model case<sup>모델케이스</sup>를 제공하고 있으므로, 각각의 사회체제에서의 복식생활, stool<sup>스툴</sup>과 decoration<sup>데코레이션</sup>의 흐름을 비교 연구하는 대상으로서 천혜의 혜택을 받은 곳이다.

서아시아의 메소포타미아 문명과 중국의 황하 문명과의 복식문화를 통한 동서교류의 흐름, 서쪽의 스키타이나 동쪽의 흉노 사이에 행해진 유목 기마민족의 복식문화, 인도의 불교와 그리스·로마의 그리스도교, 아랍의 이슬람교 등의 종교문화가 복식문화에 끼친 영향, 기마민족과 오아시스민족, 기마민족과 농경민족 사이의 남북교류에서 보이는 복식의 변화 등, 동

5) 최근에는 복식의 연구동향이 패션디자인과 패션마케팅 중심의 직접적인 실용학풍의 중시 경향.

양복식사가 완수하여야 되는 연구과제는 무한하다.

특히 일본복식사의 연구자는 중국과 한국으로부터 일본복식이 얼마나 많은 영향을 받았는가를 이해하는 것으로 일본에서 생긴 독자적인 복식문화에 대한 올바른 인식도 생겨날 수 있다. 서양복식사를 연구하는 사람들에게도 서아시아 유목민족의 복식문화사를 조사하는 것은 유럽의 복식문화의 원류와 변천사에 대하여 한층 보강할 수 있는 역할에 일조가 된다.

# 3. 동양복식사의 영역과 시대구분

동양복식사의 영역

　동양은 지역적으로 광대하고(그림 Ⅰ-1), 민족, 종교, 생산수단이 다양하기 때문에 서양과 같은 기독교 문화권이라든지 일본처럼 단일 민족국가로서 일원적인 영역을 설정하기가 어렵다. 복식문화의 형성에 관여한 조건, 즉 민족,

〈그림 Ⅰ-1〉 동양의 범위

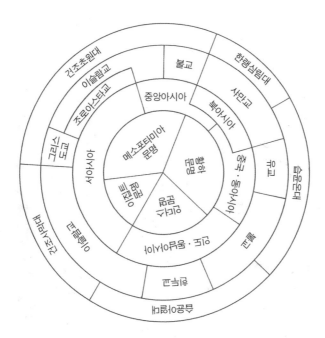

〈그림 Ⅰ-2〉 문명의 원류
와 환경

종교, 정치, 경제, 사회, 풍토, 기후, 문명의 원류와 생산수단 등을 배경으로
하여 그 환경을 전체적으로 정리하여 본다면 그림 Ⅰ-2의 모양이 된다.

그래서 이 광대한 동양을 하나로써 파악할 수 없다면 몇 개의 영역으로
구분하는 것이 필요하나 동양복식사의 경우, 지역적 구분, 민족적 구분, 종
교적 구분, 생산수단적 구분 등 어느 것을 취하더라도 그 조합은 복잡하고,
또한 시대적 변천이 서로 중복되어 얽히게 되어, 이에 민족의 흥망성쇠와
지역적 이동이 더하여지면 당연히 중심을 잃어 연구대상을 놓치게 된다.

따라서 일단 동양을 크게 지역적으로 구분하고 복식사의 입장에서 체계
화하는 것이 가능한 지역과, 복식의 진화가 정체되고 있어서 체계화가 어
려운 지역으로 분류하면 다음과 같이 된다.

비욘드 코스튬Beyond Costume 동양복식사

체계화가 가능한 지역 … 서아시아, 중앙아시아, 인도, 한국, 중국

체계화가 불가능하거나 곤란한 지역(민족학적인 대상으로 해야만 하는 지역) … 동남아시아, 북아시아, 아라비아, 티베트 및 네팔, 부탄

이 중에서 중국, 한국, 인도 혹은 고대 서아시아에 관하여는 현지인 혹은 유럽인에 의해 어느 정도의 연구가 진행되고 있고, 아라비아와 중앙아시아에 대해서도 민족학자 혹은 고고학자에 의해 부분적으로 조사연구가 행해지고 있다. 또, 동양 染織史<sup>염직사</sup>나 동양 紋樣史<sup>문양사</sup> 등의 미술사적인 관점으로는 일본에서 현재 연구가 진행되고 있고, 그런 제목이 붙여진 저서도 몇 가지 볼 수 있지만, 동양복식사의 전문적인 저서로서는 아마도 原田淑人<sup>하라다 요시히토</sup> 박사의 삼부작 '『漢六朝の服飾<sup>한육조의 복식</sup>』, 『支那 唐代の服飾<sup>중국당대의 복식</sup>』, 『西域發見の繪畵にみえたる服飾の研究<sup>서역발견의 회화에 보이는 복식의 연구</sup>』'가 있고, 하라다 요시히토 박사의 논문집으로 『東亞古代文化研究<sup>동아고대문화연구</sup>』, 『東亞古文化論考<sup>동아고문화론고</sup>』, 『古代人の化粧と裝身具<sup>고대인의 화장과 장신구</sup>』 등이 있는데, 그밖에는 그다지 볼만한 것이 없다.[6]

그런 의미에서 동양복식사는 앞으로 개척되어야 할 연구 분야이고 그 체계화는 장래를 기다려야 할 것이다.[7]


## 동양복식사의 시대구분

표 I-1에서 보이듯이 동양복식사는 B.C.3000년대 Ur<sup>우르</sup> 왕조부터 시작된다. 문자의 출현은 B.C.2000년대의 Sumer<sup>수메르</sup>시대부터이지만 인도 Mohenjo-Daro<sup>모헨조다로</sup>에서 B.C.3000년대 인더스 문자가 발견되었으나 아직 해독되고 있지 않다. 중국에서는 B.C.1700년경 殷<sup>은</sup>대에 갑골문자가 사

6) 이후 심종문 등의 『중국복식사연구』, 『동양복식사 고대 중세편』 등 다수 출간.
7) 동양복식사의 타이틀을 가진 저서일지라도 전체범위를 다루지 못하고 있다.

| 연대 | 3000 | 2500 | 2000 | 1500 | 1300 | 1100 | 900 | 700 | 500 | 400 | 300 | 200 | 100 | 0 | 100 | 200 | 300 | 400 | 500 | 600 | 700 | 800 | 900 | 1000 | 1100 | 1200 | 1300 | 1400 | 1500 | 1600 | 1700 | 1800 | 1900 |
|---|---|---|---|---|---|---|---|---|---|---|---|---|---|---|---|---|---|---|---|---|---|---|---|---|---|---|---|---|---|---|---|---|---|
| 일본 | 조몽 | | | | | | | | | | 미생 | | | | | | 고분 | | 비조·백봉 | 나라 | 평안 | | | | | 염창 | | 실정 | | 도산 | 강호 | | 명치 |
| 조선 | 즐목문토기 | | | | | | | | | 고조선 | 낙랑·대방 / 고구려 | | 백제 / 신라 | | | | | | 발해 | | | 고려 | | | | | 조선 | | | | | | |
| 중국 | 앙소 | | | 용산 | 은(상) | 동주 | 서주 / 춘추 / 전국 | | | 진 | 전한 | 후한 | 삼 진 | 남북조 | 수 | 당 | 오대 | 북송 / 남송 / 요 / 금 | 원 | 명 | | | 청 | | | | | | | | | | |
| 중앙아시아 | 아리아인 시대 | | | | | | | 스키타이 사카 흉노 | | | | 쿠산조 대월씨 | | | 에프탈 | 돌궐 | | 위구르 / 토번 / 서하 | 서요 | | 일칸국 / 티무르조 | 부하라한국 / 히바한국 / 무굴제국 / 고칸트한국 | | | | | | | | | | | |
| 서아시아 | 우루 | 수메르·왓카도 | 앗시리아 / 바빌로니아 | | 신바빌로니아 | 아게메네스 페르샤 | 아시키살왕조 / 시리아 | 페르시아 | | 사산조 | 사라센 | 셀주크 | 사파비조 / 페르시아 / 오스만 터키 | | | | | | | | | | | | | | | | | | | | |

〈표 Ⅰ-1〉
동양복식사 참고
년표

용되고 있었다. 이때부터 조금씩 동양에서 행해진 복식의 형상이나 소재, 문양 등이 밝혀지게 된다.

그리고 서아시아에서는 Akemenes<sup>아케메네스</sup> 왕조, 페르시아·중앙아시아에서는 Skythai<sup>스키타이</sup>·匈奴<sup>흉노</sup>시대, 중국은 春秋<sup>춘추</sup>·戰國<sup>전국</sup>시대인 B.C.500년대 전후가 되면 매우 풍족하고 현대와 거의 차이가 없는 복식문화가 동서에서 각각 발달하게 된다.

일반 정치사, 사회사 및 경제사와 복식사는 그 시대구분이 일치하지는 않지만 복식문화도 언제나 그 시대의 정치, 사회, 경제, 특히 문화 일반과 관련되지 않을 수가 없다. 시대를 어떻게 구분하는가는 일반 通史<sup>통사</sup>의 분야에서도 큰 문제이고 쉽게 해결되지 않고 있는데, 본서에서는 일단 중국사를 중심으로 한 京都<sup>교토</sup>학파의 시대 구분설[8]에 따라서 漢代<sup>한대</sup>까지를 고

8) 시대구분설은 학자별로 다른 견해가 있으나 전반적인 자료제시를 위하여 중국이 중심에 놓여 있다.

대, 三國삼국시대부터 唐代당대까지를 중세, 五代오대부터 元代원대까지를 근세전기, 明명·淸청 時代시대를 근세후기로 한다. 이렇게 중국사에 편중된 구분을 하게 될 경우 서아시아, 중앙아시아, 한국, 일본의 역사와 일치하지는 않지만, 동양을 전체적으로 파악할 때에는 동아시아의 중국 중심의 문화권, 다시 말하여 유럽 문화와 질이 다른 동양문화를 발달시킨 중국에 중심을 두는 것은 결코 어색한 일이 아니다. 또 본서에서도 일본 복식과 관계가 깊은 중국·한국을 중심으로 서술하였기 때문에 서아시아나 중앙아시아에 대한 부분은 매우 적고, 특히 이슬람사회나 인도 복식을 거의 다룰 수 없었던 점에 대하여 미리 양해를 구한다.

# 제2장
# 동아시아 고대의 복식

# 1. 중국 복식문화의 원류

1921년 스웨덴의 J.G.Anderson<sup>앤더슨</sup>에 의해 중국 최고의 토기가 河南省<sup>하남성</sup> 仰韶<sup>앙소</sup>촌에서 발견되었다(그림 II-1). 이 토기에는 검은색과 붉은색으로 채색이 된 문양이 있었기 때문에 고고학자들은 이를 彩陶<sup>채도</sup>토기라 명명하였다.

이 채도토기와 함께 뼈바늘과 돌로 만든 紡錘車<sup>방추차</sup> 등이 같은 유적지에서 발견되었고, 또한 토기의 파편 가운데는 표면에 새끼와 멍석, 겉겨의 흔적이 남아있는 것도 발견되었다. 그리하여 채도토기를 사용한 인간은 이미 농경 생활을 영위하였고, 편물, 직물을 짰다는 것이 증명되었다.

그 후 이와 같은 채도토기는 山西省<sup>산서성</sup>, 陝西省<sup>섬서성</sup>, 甘肅省<sup>감숙성</sup>, 靑海省<sup>청해성</sup> 등의 황하유역 일대에서 발견되고, 그 시대는 B.C.3000년경으로 추정되었다. 이와 같은 토기는 황하유역에서 뿐만 아니라 멀리 떨어진 중앙아시아의 anau<sup>아나우</sup>, 남러시아의 tripoli<sup>트리폴리</sup>와, 이란의 susa<sup>스사</sup> 유적에서도 출토되고 그 연대도 B.C.5000년경까지 거슬러 올라가는 오래된 것까지 발견되고 있다. 구미학자들 간에는 중국의 채도토기는 서아시아에서 전해졌다고 주장하는 사람도 있지만, 최근 B.C.5000년경의 토기가 중국에서도 발견되어 황하문명의 독자성이 증명되었다. 이와 같은 彩文<sup>채문</sup>토기의 시대는 최초로 발견된 곳의 이름을 따라 仰韶<sup>앙소</sup>문화기라 불리고 있다.

채도토기가 발견된 지 약 10년 후 중국 조사단이 山東省<sup>산동성</sup>의 龍山縣<sup>용산현</sup>에서 칠흑색의 토기를 발견했다. 이 토기의 연대는 B.C.2300년경에서

〈그림 II-1〉 중국의 彩文토기(B.C.3000) 甘肅省 출토 1920년 미국의 지질학자 Anderson이 하남성 仰韶에서 최초로 彩色된 문양이 있는 중국 최고의 토기를 발견하였다. 그 후 이러한 채문토기가 중국 각지에서 발견되었다. 요즘에는 5000년 전의 토기도 발견되고 있다. 이러한 토기가 만들어진 시기를 고고학 상 앙소문화기로 명명하게 되었다.

B.C.1700년경 사이로 추정되고 이 기간을 黑陶<sup>흑도</sup>문화기, 또는 발견지에 따라 용산문화기라고도 한다. 또한 이 시기는 전설의 夏<sup>하</sup> 왕조라고 추정되고 있다.

서아시아에서는 표 II-1처럼 이미 우르, 아카드 왕조가 티그리스 · 유프라테스 유역의 메소포타미아에서 그 전성기를 맞이하였고, B.C.2000년경이 되어서는 신흥 바빌로니아와 앗시리아 왕조가 그 뒤를 이어 건설되었다.

**〈표 II-1〉**
**동서고대사 참고년표**

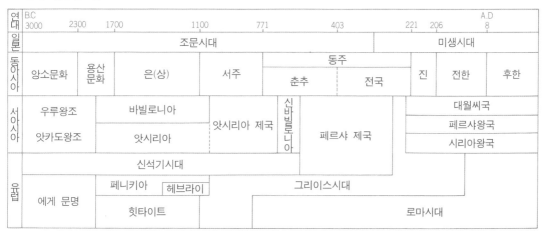

그러면 앙소 · 용산 시대의 중국 선사인들의 생활은 어떠하였을까? 이 시기는 서아시아와 같은 半農半牧<sup>반농반목</sup>의 생활이었고, 粟<sup>조</sup>를 주식으로 하고, 가축으로는 개와 돼지, 양, 닭, 소, 말 등이 사육되고 있었으나 말은 승마용이 아니라, 농작업과 운반용에 사용하고 있었던 것으로 보인다. 또한 사냥과 어로의 대상으로는 사슴, 담비, 여우, 너구리, 토끼, 새, 물고기 등이 있는데 이들의 가죽은 의복 재료로 사용되었다. 의복 재료로는 이외에도 나무껍질이나 풀줄기의 섬유도 이용되어 마를 재배하여 마포를 만드는 방법도 이미 알려져 있었지만, 의복의 형태가 구체적으로 어떠하였는지는 분명하지 않다.

魚皮<sup>어피</sup>가 의복에 이용되는 예는 어로를 생업으로 하는 민족 사이에 널리 행해지고 있는데(그림 II-2), 흑룡강과 烏蘇里江<sup>우스리강</sup> 유역의 gorchi族<sup>고르치족</sup> 사이에서는 현대에도 어피로 만든 의복과 모자, 신발 등이 이용되고 있다.

龍山<sup>용산</sup> 시대가 되자 생활문화도 한층 더 진보하고 토기의 제작에 도르래가 사용되며, 기물의 종류도 풍부하여지므로 복식품에도 옥과 금속으로 만든 팔찌와 수식 등

이 사용되고, 그 문양에는 앙소시대의 方格文<sup>방격문</sup>과 帶狀文<sup>대상문</sup> 외에 雷文<sup>뇌문</sup>과 杉綾文<sup>삼능문</sup>, 網代文<sup>망대문</sup> 즉 어살문 등이 보이게 되었다.

〈그림 II-2〉 魚皮로 만들어진 의복(臺北 중앙연구원) 중국 동북부의 黑龍江 유역에서 어로생활을 하던 퉁구스계 원주민들은 물고기와 水鳥의 가죽으로 만든 의복을 요즘도 사용하고 있다. 장화 모자 벨트 등도 어피와 水鳥皮로 만들었고 北海島 Ainu人도 과거에는 그와 같은 의복의 착용을 추론할 수 있는 자료의 하나이다.

## 2. 은·주 시대의 복식

### 殷은대의 복식

1928년 중국의 역사학자 董作賓동주오핀 등에 의해 河南省하남성의 安陽縣안양현에서 殷은대 도시의 유적이라고 일컬어지는 殷墟은허의 발굴이 시작되었다. 그 이후 수십 차례의 발굴 조사 결과 B.C.1700년에서 B.C.1100년까지 있었던 은나라의 왕묘와 궁전의 유적이 발견되어 청동제기와 여러 가지 생활용구, 무기, 농구, 마구 등 이외에도 뼈나 옥을 재료로 한 장신구와 일용품, 인물이나 동물을 그린 조각 등이 잇달아 발견되어, 당시 사회제도나 일상생활의 양상이 밝혀지게 되었다.

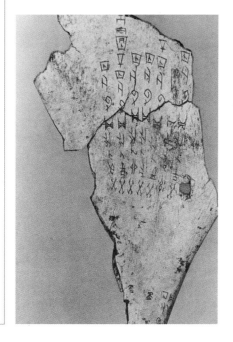

〈그림 II-3〉 뼈에 새겨진 象形文字(殷)(河南省 安陽 출토) 소·사슴·양 등의 동물 뼈와 거북의 등껍질에 새겨진 중국 최고의 상형문자로서 갑골문자라고 한다. 이와 같은 갑골문자 중에는 蠶, 桑, 絹, 帛 등의 문자가 보이고 있는 것으로 보아 이미 은대에는 그 즈음에 황하유역에서 양잠이 행하여지고 견직물이 생산되었던 것이 증명되었다.

특히 가장 중요한 것은 동물 뼈나 거북 등딱지에 새겨진 중국 최고의 문자가 발견된 점이다(그림 II-3). 이 문자는 상형문자로 점을 치기 위하여 사슴의 견갑골과 거북의 배쪽 딱지에 새겨진 것이다. 이 해독이 진행됨에 따라서 은대 역사가 점차 밝혀지게 되어 司馬遷사마천의 『史記사기』에 쓰여 있는 것이 사실에 가까운 것임이 밝히어졌다.

이들 갑골문자 가운데에는 그림 II-4에 보이는 바와 같이 糸사, 桑상, 蚕잠, 帛백 등을 나타내는 문자도 보

이는 점에서 이미 양잠과 견직이 행하여졌
고 견직물이 의복 재료로 사용되었던 것도
알 수 있다. 裘<sup>구</sup>라는 문자에서 가죽옷이
사용되고 있었던 것도 알 수 있다.

　게다가 앤더슨의 『黃土地帶<sup>황토지대</sup>』에
의하면 은허에서 발견된 술을 담는 용기
인 솥의 바닥에 모직물로 싼 흔적이 있고,
또 은왕 묘의 부장품 가운데 거울이나 칼
에도 모직물의 흔적이 있다. 山東省<sup>산동성</sup>
에서 발견된 채문토기에는 모직물의 천
조각에 문양이 교착된 흔적이 있다고 보

〈그림 II-4〉 갑골문자

雞계　犬견　豕돈　羊양　牛우

射사　裘구　牧목　弓궁　耒뢰

網망　田전　栗율　麦맥　農농

帛백　絲사　蚕잠　桑상　米미

고되어 있는 것을 보면 벌써 仰韶<sup>앙소</sup>시대에 모직물이 존재하였고 은대에는
모직물이 꽤 사용되고 있었던 것도 확실시 된다.

　『史記<sup>사기</sup>』에 의하면 "太古<sup>태고</sup>의 인간은 동굴에 살고 羽皮<sup>우피</sup>, 獸皮<sup>수피</sup>, 木皮
<sup>목피</sup>를 이용하여 풍상을 막았지만 神農<sup>신농</sup>의 시대가 되어 마포를 만드는 것을
알고 皮衣<sup>피의</sup>가 布衣<sup>포의</sup>로 바뀌었다. 黃帝<sup>황제</sup>시대가 되어 양잠이 발달하고
衣裳冠冕<sup>의상관면</sup>의 풍속이 행하여지게 되고, 堯舜<sup>요순</sup>시대에는 山<sup>산</sup>, 龍<sup>용</sup>, 藻<sup>조</sup>,
火<sup>화</sup>의 문양이 의복에 장식되었다. 夏<sup>하</sup>의
禹帝<sup>우제</sup>시대가 되면 織文<sup>직문</sup>, 織具<sup>직구</sup>, 纖
<sup>섬</sup>, 縞<sup>고</sup>, 絺<sup>치</sup>, 紵<sup>저</sup>, 元纁<sup>원훈</sup>, 璣組<sup>기조</sup> 등의
각종 고급직물이 공물로 사용되었지만
서민들 사이에서는 가죽으로 만든 의복
이나 葛衣<sup>갈의</sup>가 상용되고 있었다."라고
기록되어 있다.

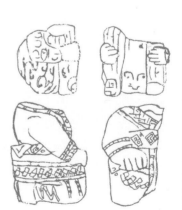

〈그림 II-5〉 은대 무인용

　神農<sup>신농</sup>에서 禹帝<sup>우제</sup>의 시대까지는 전

1) 도철문: 고대 중국
의 문양으로 怪獸紋괴수
문, 獸面紋수면문이라고
도 함.
2) 시효문: 사나운
올빼미형상의 문양을
이름.

설의 시대이며 역사적인 확증은 없지만, 殷은의 시대가 되면 대체로 가까운 복식문화의 수준이 되었을 것으로 사료된다. 그림 II-5는 은대 왕묘에서 출토된 玉製옥제의 武人俑무인용이며 깃과 수구, 허리 부근에 雷文뇌문 같은 장식 문양이 있고 폭이 넓은 대를 매어, 筒袖交領통수교령의 상의와 양복바지 형태의 袴고를 입고 정좌하고 있다.

그림 II-6은 文人문인의 玉俑옥용으로 袍포의 上衣상의와 평평한 두건을 쓰고 있는데 이러한 복장은 은대의 상류사회에서 흔히 입혀지던 복장이었다. 또한 이 시대의 문양에는 雷文뇌문(그림 II-7)과 雲文운문 등의 자연 문양이나 기하학 문양 외에도 饕餮文도철문1)(그림 II-8)과 鴟鴞文시효문2)의 怪獸괴수와 靈鳥영조를 도안화한 것이 청동기 등에 빈번하게 사용되고 있었다.

〈그림 II-6〉人物座像(殷)(하남성 安陽 출토)  하남성의 안양은 은대 도시의 유적, 殷墟가 발견된 곳으로 무기 장식품 등도 출토되었으나 당시 복장을 확인할 수 있는 것은 극히 적다. 그 중 대리석으로 만들어진 인물상은 복장을 파악하는 실마리가 되는 귀중한 출토품이다. 머리에는 평평한 頭巾을 쓰고 의복은 헐렁한 袍의 형태이며 의복전체에 幾何 무늬가 있다.

〈그림 II-7〉雷文의 청동솥(西周)(神戶·백학미술관)  솥(鼎)은 원래 고기를 삶는 용기이나 제기 등으로도 이용되었다. 뇌문은 은대의 청동기에도 잘 보이는 기하학 문양으로, 번개는 중국의 기본 문양 중의 하나이다. 뚜껑이 있는 솥은 드물고 뚜껑과 솥부분이 합쳐진 부분을 두른 帶狀의 문양 가운데에도 도철문이 새겨져있는 것이 보인다.

〈그림 II-8〉饕餮文 청동기(殷~西周)(동경 네즈根津미술관)  은대에서 西周시대의 출토품 중에는 청동제와 동제의 제기, 집기가 많으나, 이것은 2마리의 양머리를 조각한 제기로써 雙羊靑銅尊이라고 불렸다. 尊은 술을 담는 용기로 전체가 양의 털을 본뜬 鱗文이 덮여 있고 중앙에는 소와 말의 머리를 도안화한 饕餮文의 큰 눈이 번득인다. 도철문은 중국의 독자적인 靈獸 문양의 하나이다.

| 그림 II-6 | 그림 II-7 | 그림 II-8 |

제2장 동아시아 고대의 복식  31

## 周代주대의 복식

　기원전 1100년경 은나라가 패망하고 주나라가 흥기하였다. 처음에는 陝西省섬서성의 鎬京호경에 도읍하였으나 기원전 770년 하남성의 洛邑낙읍으로 동천하였기 때문에 그 이전을 西周서주, 그 이후를 東周동주라고 칭한다.

　이 무렵 황하유역의 북방 몽고 고원에는 獫狁훈죽, 犬戎견융이라 칭하는 민족이 있고, 양쯔강의 남쪽에는 荊蠻형만이 살고 있었다. 그들이 어느 계통의 민족이었는지는 잘 밝혀지지 않았지만 주나라를 세운 중국인도 은나라 사람과 같은 漢한 민족이며 황하유역은 동아시아 문명의 중심지로 그들은 자신들을 중화의 민족이라고 부르며 주변 민족을 東夷동이, 西戎서융, 南蠻남만, 北狄북적이라 칭하고, 모두 미개한 야만 인종으로 간주하였다.

　서주시대의 300년간은 고고학적 유물도 수가 적고 잘 알려져 있지 않다. 단지 殷은대의 청동기 시대에서 서주시대로 들어오자 祭器제기와 禮器예기 및 銅器동기가 급격히 증가하였다. 또한 은대의 갑골문자를 대신하여 동기에 새겨진 金文금문이 나타난다. 최근에 금문의 해독 연구가 진행되어 서주의 사회상태가 서서히 밝혀지고 있지만, 서주시대의 복식의 단서가 되는 유물은 거의 없고 그 실체는 명확하지 않다. 다만 은대의 연장선상에 있었던 것은 확실하다.

　東周동주시대의 전반(B.C.771~B.C.403)을 春秋춘추시대, 후반(B.C.403~B.C.221)을 戰國전국시대라 칭하는데, 이 시대가 되면 인물을 나타낸 木偶목우나 고분의 石刻畵석각화, 무덤 속의 부장품 중에서 거울이나 腰佩요패 등의 장식품, 또한 絹布견포에 그려진 인물화까지 발견되어 그 복식생활도 상당히 분명하게 되었다.

　특히 춘추시대에는 공자가 편찬했다고 하는 『詩經시경』을 위시하여 『四書五經사서오경』 등의 중국고전이 편찬되어 그들 문헌으로써 당시의 복식생활이 여러 각도로 매우 생생하게 부상하였다.

『詩經시경』은 은대 말기부터 서주 시대에 걸쳐 여러 나라의 민요를 모은 것으로 그 중에는 당시 민중의 양잠, 직조의 노동이나 의생활을 읊은 것이 적지 않다. 또한 『禮記예기』의 玉藻옥조편, 深衣심의편, 『周禮주례』의 司服사복편, 『書經서경』 益稷익직편, 『論語논어』의 鄕黨향당편 등에는 주대의 冠服관복이나 상류사회의 복식에 관한 생활이나 의례가 상세히 기록되어 있다.

### 漢한민족의 기본 복장

『禮記예기』의 기록에 의하면 원래 한민족의 의복은 上衣下裳상의하상의 두 부분으로 나뉜 형식이었으나 의와 상을 연결하여 원피스 양식의 심의가 만들어졌다고 하는데, 은대의 인물상에서도 보이듯이 漢한민족의 의복이 예로부터 투피스 형식으로 일정하였던 것은 아니다. 그 재료가 가죽 혹은 布포의 여부에 따라 재단 방법도 달라지는 것은 물론, 여름과 겨울에 의해서도 몸에 걸치는 것은 당연히 다르게 된다. 또한 신분 계급에 의해서도 착용하는 의복은 여러 가지로 다양하였을 것이다. 그러나 일반적으로 한민족의 기본 복장의 형태는 右衽우임의 交領교령으로 상의의 길이는 비교적 길고 위에서 帶대를 묶는 것으로 한복의 두루마기와 같은 재단법이며, 공식적인 경우는 남녀 모두 上衣상의 위에 下裳하상3)을 입었지만 하층계급은 특별히 상을 입을 경우는 없었던 것으로 보인다. 다만 황하유역 일대는 건조한 대륙성 기후이므로 겨울의 추위는 일본의 北海道홋카이도와 같은 정도로 內袴내고같은 속옷도 방한복으로써 당연히 사용되었으리라고 생각된다.

袴고는 전국시대 북방유목민족의 胡服호복으로부터 차용되었다고 전하여지고 있으나, 승마바지로써 겉에 입는 것이었으며, 속옷용의 방한용 팬츠나 슬랙스 스타일의 內袴내고는 漢한족 사이에서도 착용되고 있었다.

3) 일본의 하까마류.

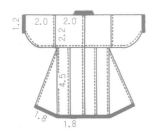

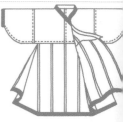

〈그림 II-9〉 심의재단도

그렇다 하여도 周<sup>주</sup>대 이후 漢<sup>한</sup>민족의 상류사회에서 착용하였던 기본복장은 深衣<sup>심의</sup> 양식이 중심이었다고 할 수 있다. 그림 II-9는 原田淑人<sup>하라다 요시히토</sup>가 『漢六朝の服飾<sup>한육조의 복식</sup>』에서 고증한 심의의 재단그림으로써 『禮記<sup>예기</sup>』의 심의편이나 明<sup>명</sup>대의 고증학자 黃宗義<sup>황종의</sup>의 『深衣考<sup>심의고</sup>』에 의거하고 있다. 그림 II-10 · 11은 戰國墓<sup>전국묘</sup>에서 출토된 陶俑<sup>도용</sup>으로 심의를 입은 남녀의 모습이다. 남자의 심의는 옷깃, 수구, 밑단 자락에 선이 부착되어 있는데 이

| 그림 II-10 | 그림 II-11 |
| --- | --- |

〈그림 II-10〉 남자용
(B.C.400 전국묘 출토)

〈그림 II-11〉 여자용
(B.C.400 전국묘 출토)

것을 緣연이라 한다. 여자는 두건을 목도리 형식으로 머리에 쓰고 있다.

緣연은 의복의 끝단을 보강하기 위한 것으로 衣의의 바탕색과 다른 색을 사용하거나 폭을 넓게 하고 자수를 놓기도 하였는데 이중으로 대어 장식의 역할을 하였다. 이러한 심의와 비슷한 의복에는 禪衣선의, 袍衣포의, 中衣중의 등이 있으며 모두 헐렁하고 넓은 소매의 상의로 祭服제복 · 朝服조복 등의 公服공복은 물론 평상복으로도 오로지 심의 양식이 행하여졌다. 禪衣선의는 單衣단의를 말하며 여름용의 얇은 천으로 만들고, 袍衣포의는 겹옷, 또는 솜옷으로 비교적 길이가 길다. 中衣중의는 袍衣포의 안에 입는 深衣式심의식 의복으로 흰 바탕의 것이 많다. 禪衣선의도 中衣중의 위에 입는 경우도 있어, 길이가 길거나 짧은 것도 있었다. 포의는 반드시 겹옷이었던 것이 아니므로 홑옷도 있었으나, 선의나 포의는 반드시 겉옷용으로써 제일 위에 입는 의복이었다.

심의에 매는 비단으로 만든 大帶대대를 紳신이라고 하며 후대의 紳士신사라고 말하면 대대를 한 상류인의 대명사가 되었다. 전국이후가 되면 袍衣포의에 革帶혁대를 사용하는 것이 유행해서 武人무인의 포에는 한결같이 혁대가 사용되었다. 대대를 맬 때는 매듭을 앞으로 오게 하여 帶대의 양끝을 하반신의 3분의 2까지 드리운다. 심의의 형태에는 남녀의 차이가 없고 여성의 대를 매는 방법도 남자와 같았다.


### 周주대의 冠服관복

주대의 귀족사회는 禮예에 엄격하며 예의 상징은 의관을 바로 하는 것에 있었다. 남녀 모두 20세에 성인식을 맞이하면 남자는 관을 쓰고 여자는 裳상을 입었다. 관은 철심으로 만든 머리카락 고정틀에 漆紗칠사를 붙인 것으로, 비녀를 꽂아서 상투(結髮)에 고정시키거나 끈(纓)으로 턱 아래에서 묶었다.

보통 관은 양손을 山<sup>산</sup> 모양으로 하였을 때의 모양인 弁冠<sup>변관</sup>이며 사슴가죽으로 만든 가죽 변관도 있었다. 또한 委貌冠<sup>위모관</sup>, 獬豸冠<sup>해치관</sup>, 鷸冠<sup>갈관</sup>, 緇布冠<sup>치포관</sup> 등이 있어 담당 직무에 따라 여러 가지 관이 사용되었다. 그림 II-12는 漢<sup>한</sup>대의 畵像石<sup>화상석</sup>에 그려진 堯<sup>요</sup>, 舜<sup>순</sup> 등의 고대의 전설상의 제왕 모습으로 여러 가지 관모의 형상이 보인다.

주대의 관복에는 제복과 조복의 구별이 있고, 제사의 종류, 朝儀<sup>조의</sup>의 구별, 계절 등에 의하여 복색에 차이가 있었으며, 이를 '五時<sup>5시</sup>의 복색'이라 칭하고, 청, 적, 황, 백, 흑색을 기본색으로 정하였다. 이것은 오행설에서 따온 것으로 木<sup>목</sup>, 火<sup>화</sup>, 土<sup>토</sup>, 金<sup>금</sup>, 水<sup>수</sup>를 각각 청, 적, 황, 백, 흑에 견주었다.

또한 황제, 황태자, 諸王<sup>제왕</sup>, 公<sup>공</sup>, 卿<sup>경</sup>, 大夫<sup>대부</sup>, 士<sup>사</sup> 등 계급에 따라 관모의 형태나 服色<sup>복색</sup>을 다르게 하고, 특히 의복을 장식한 紋章<sup>문장</sup>의 수에 따라서도 신분을 구별하였다. 황제의 大禮服<sup>대례복</sup>을 袞冕<sup>곤면</sup>이라 하는데(그림 II-13), 곤은 12장의 紋章<sup>문장</sup>을 전부 갖춘 것이고 면은 大禮<sup>대례</sup>만 착용하는 최고의 관모이었다.

〈그림 II-12〉 한 대 화상석에 묘사된 고대제왕의 복장

〈그림 II-13〉 袞冕을 착용한 禹帝(馬麟 작, 대북·고궁박물관) 남송의 화가 馬麟이 그린 전설의 제왕 夏나라 우임금의 상상도이나, 천자 최고의 예복인 면복을 착용한 복장이다. 관모는 冕, 의복은 袞服 손에는 圭, 신발은 舃를 신고 있다.

그림 II-12    그림 II-13

그림 II-14는 明代명대의 『三才図會삼재도회』에 보이는 袞冕곤면 12장 문양으로 시대에 따라 약간의 변천은 있었지만 이와 같은 周주대 관복제도의 기본은 중국에서는 清朝청조 말기까지 계승되고 한국이나 일본, 베트남의 관복제도에도 큰 영향을 주었다는 것은 잘 알려진 사실이다. 그림 II-15는 황태자가 祭服제복에 사용한 冕冠면관으로 황제의 것에 비하면 장식이 훨씬 적다.

〈그림 II-14〉 12장(삼재도회에서)

〈그림 II-15〉 면관의 형상

日일
月월
星 辰성신
山산
竜용
華 虫화충
藻조
火화
粉 米분미
宗 彝종이
黼보
黻불


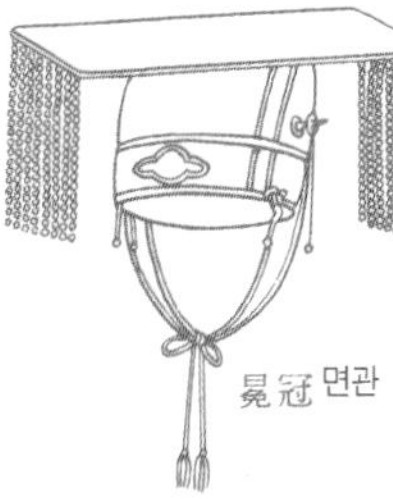

冕冠면관


| 그림 II-14 | 그림 II-15 |
|---|---|

周주대 여자의 公服공복은 『周禮주례 司服篇사복편』에 의하면 왕후, 命婦명부의 祭服제복, 朝服조복에 六服6복의 기록이 있다. 6복이란 褘衣위의, 褕翟유적, 闕翟궐적, 鞠衣국의, 展衣전의, 褖衣단의로 褘衣위의는 감색 바탕에 오색실로 날고 있는 群雉군치를 자수하여 옷 전면에 덧붙인 최고의 의복이고, 褕翟유적은 위의의 군치 대신에 搖雉요치를 자수한 것으로 褘衣위의 다음이며, 闕翟궐적은 오색의 꿩 문양을 뺀 것이다. 鞠衣국의는 황색에 푸른 기를 띤 鞠塵色국진색의 의복이며, 展衣전의는 백색으로, 일설에는 적색이라고도 하는데, 흑색의 緣연을 붙인다. 褖衣단의는 黑衣흑의에 붉은 緣연을 붙인 喪服상복이었다.

주대의 신발은 그림 II-16에서 보는 것처럼 木台목태(나무받침) 위에 絹견으로 만든 履리를 붙여 밑창이 이중으로 된 舃석이 있어, 주로 祭服제복에 착용되었다. 履리는 그 재료에 따라 絹履견리, 麻履마리, 革履혁리, 草履초리 등이 있었고, 나무로 만든 木靴목화 모양의 屐극이라 불린 것도 있었다. 鞾화는 가죽으로 만든 皮靴피화로 기마민족의 복식에서 도입된 것이다.

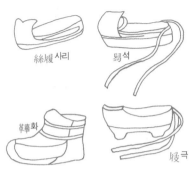

이밖에 公服공복을 장식하는 佩飾品패식품으로서 綬수(大綬, 小綬), 玉佩옥패, 襚역(그림 II-17), 佩劍패검, 裳상, 앞을 덮는 앞치마 같은 韍불(蔽膝) 등이 있고, 여자의 頭飾두식으로는 副笄六珈부계육가가 있었다. 副부는 머리형의 부차적 장식이고, 笄계는 비녀, 珈가는 玉製옥제의 대형 비녀로 신분의 尊卑존비에 따라 그 장식품도 구별하였다.

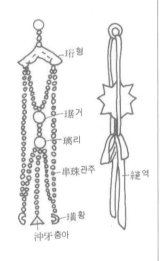

珩형
琚거
璃리
串珠관주
璜황
沖牙충아
綫 역

## 胡服호복

북방 유라시아 유목민족 사이에서 행해졌던 복장을 일반적으로 호복이라 하는데, 북방민족 뿐만 아니라 漢한민족 이외의 모든 夷狄이적이 입은 의복을 호복이라 하였다. 일본말로 하면 洋服양복에 해당한다. 周주대 호복은 주로 匈奴<sup>흉노</sup>와 鮮卑<sup>선비</sup>족 등 중국 동북부에서 활약했던 기마민족의 복장을 가리켰다. 호복이 중국사회에 도입되었던 것은 戰國時代<sup>전국시대</sup>로 趙<sup>조</sup>나라 武靈王<sup>무령왕</sup>이 처음으로 호복을 입고 말을 타고 활쏘기를 배웠다고 『史記<sup>사기</sup>』는 전하고 있으나 이미 은나라 시대부터 이민족을 포로로 하여 노예로 부리기도 하였으므로 호복이라는 북방민족의 의복의 존재는 한민족에게 옛날부터 알려져 있었던 것이다.

호복은 騎馬<sup>기마</sup>를 일상생활로 하는 초원의 유목민족에게 가장 적합한 복장으로, 짧은 筒袖<sup>통수</sup>의 상의와 가죽 허리띠와 바지에 半長靴<sup>반장화</sup>를 착용하며, 머리는 변발을 하고 모피나 펠트로 된 모자를 썼다. 여자도 바지를 입고 그 위에 wrap-skirt<sup>랩 스커트</sup>를 착용하였으며, 머리는 길게 길러서 미혼자는 하나로, 기혼자는 둘로 땋았다. 호복은 원칙적으로 左袵<sup>좌임</sup>으로 공자도 '管仲<sup>관중</sup>이 아니었다면 아마 피발에 좌임을 했을 것'이라고 말하고 있는데, 被髮<sup>피발</sup>은 結髮<sup>결발</sup>을 하지 않은 머리 모양이다.

漢<sup>한</sup>민족의 복장에도 布<sup>포</sup>로 만든 袴<sup>고</sup>나 褌<sup>곤</sup>은 속옷의 일부로도 사용했는데, 겉옷으로 통수단의와 병용하게 된 것은 戰國時代<sup>전국시대</sup> 말부터였다. 당시는 호복을 旃裘<sup>전구</sup> 혹은 韋襲<sup>위습</sup>이라 불렀으며, 모두 가죽옷이라는 의미로 피혁이 주된 의복 재료였다는 것을 보여준다.

洛陽<sup>낙양</sup> 부근의 전국시대 묘에서 많은 청동거울이 출토되고 있는데 그 뒷면에 그려진 문양에는 기마무사와 괴수가 싸우고 있는 수렵문이 있고(그림 II-18), 이런 모티프는 북방 기마민족에

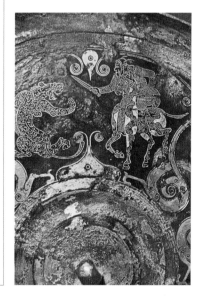

〈그림 II-18〉 황금제 帶鉤(戰國)(하남성·낙양 출토) 帶鉤는 혁대의 맞물림 쇠장식으로, 그 재료는 금, 은, 동, 철 등의 금속 이외에 옥·상아 등으로 만들어졌으나, 옥상감의 순금제는 흉노왕이 전국의 제후에게 헌납한 진상품이다. 중국인이 기마민족의 공예기술을 모방하여 스스로 제작하였는지는 알 수 없으나 조형적으로도 매우 뛰어나다.

서 먼 서아시아 페르시아 문양까지 이어지고 있다. 청동거울 중에는 금과
은의 상감이 있는 정교한 것도 있어 기마민족은 이미 금속 세공 기술을 익
히고 있었던 것 같다.(그림 II-19 · 20 · 21)

또 비슷한 전국시대 묘에서, 역시 기마민
족의 선물이라고 생각되는 옥상감이 된 황금
帶鉤<sup>대구</sup>도 발견되고 있다(그림 II-22). 대구는
호복의 帶<sup>대</sup>에 속한 것이고 그 소재에는 금,
은, 동, 철과 같은 금속제는 물론, 상아나 무
소뿔로 만든 것도 있었는데 이러한 복식품은
흉노에서 한민족으로의 선물이나 무역품이었
다고 생각된다.(그림 II-23 · 24)

전국시대에는 중국 변방에 있었던 여러 나
라가 빈번한 흉노의 침입으로 고전하였지만, 항상
전쟁상태였던 것은 아니고 평화 교류가 있었던 시기도 있었다.

<그림 II-19> 남자 木偶
(東周 · 戰國)(하남성 · 신양
信陽 출토) 하남성의 戰國
墓에서 출토된 목제의 남자
상으로 의복은 朱色의 袍衣
위에 흑색 衤袍衣를 입고, 대
는 前結하여 길게 드리웠
다. 쓰개는 없고 總髮하여
뒤로 드리웠다. 당시의 목
조의 칠기는 주로 남부 양
자강유역에서 만들어졌다.

<그림 II-20> 비단에 그린
귀부인상(戰國)(湖南省 · 長
沙 출토) 중국 最古의 비단
에 그려진 색채화로 귀족여
성의 복장이 표현된 귀중한
자료이다. 소매는 넓고, 구
름 모양이 있는 上衣와 裳을
입고 옷자락을 길게 뒤로 끌
며 蔽膝을 두르고, 袖口와
衿에는 줄무늬의 緣이 보인
다. 머리에 특별한 장식은
없지만 묶어서 끈으로 매었
다. 머리상단에는 비상하는
공작이 묘사되어 있다.

<그림 II-21> 백옥 璧(戰
國)(河南省 · 洛陽 출토) 낙
양은 동주의 수도로 전국시
대의 분묘가 많고, 복식에
관련된 부장품이 꽤 많다.
이 백옥으로 만든 璧은 직경
22cm의 큰 것으로 복식품
이라기보다는 제기로 사용
된 것으로 圓璧의 표면에는
곡식낟알모양이 부조되어
있으며 내원과 외원사이, 외
원의 외측에 용문의 透彫가
보인다. 소형의 璧은 佩飾品
으로도 사용되었다.

<그림 II-22> 狩獵文 青銅
鏡(戰國)(하남성 · 낙양 출
토) 낙양 부근의 전국묘에
서 출토된 청동경의 부분에
는 기마무사가 괴수와 단검
을 휘두르며 격투하고 있
다. 수렵문을 금에 정교
하게 象嵌한 것으로, 이 같
은 수렵문은 서아시아와 북
아시아 기마유목민족에게
흔히 사용되던 문양으로 전
국시대 중국에서 만든 청동
경에도 이미 이와 같은 모
티프가 채용되어진 것을 알
수 있다.

| 그림 | 그림 | 그림 |
|------|------|------|
| II-19 | II-20 | II-21 |

| 그림 |
|------|
| II-22 |

| 그림 II-23 | 그림 II-24 |

〈그림 II-23〉 銀製 胡人像(戰國)(하남성·낙양 출토) 전국묘의 부장품가운데에는 이 같은 호인상을 조각한 것도 포함되어 있다. 당시 중국에 알려진 호인은 주로 흉노 혹은 선비족이었지만 그 용모는 전형적인 몽골 타이프로 펠트제의 胡帽를 쓰고 상의는 짧은 筒袖의 호복을 右衽으로 하여 가죽벨트를 매고 짧은 바지를 입고 장화를 신었다.

〈그림 II-24〉 매사냥하는 호인여성(戰國)(미국·보스턴미술관) 매사냥은 유목민족 간에 예로부터 행하여지던 것으로, 두 마리의 매를 사용하여 포획물을 잡는 몽골계 여성을 본 딴 청동상이다. 의복은 통수, 短上衣에 裙스커트를 입고 靴를 신었다. 머리는 양갈래로 땋아서 좌우로 내린 호인들의 전형적인 풍속을 보여주고 있다.

　　1924년 러시아의 PK.Kozlov코즈로프(1863-1935) 탐험대는 외몽고의 Ulaanbaatar 울란바타르 근처의 Noin-Ula노인우라에서 1세기 전후 흉노왕의 묘를 발견하였다. 이 묘는 직물의 묘라고 불릴 만큼 漢한나라 시대 중국의 견직물이나 서아시아의 모직물, 흉노가 사용한 의류나 모자, 버선 등의 복장품이 수도 없이 많이 남겨져 있었다. 이들 많은 견직물은 漢한나라 정부가 흉노를 회유하기 위하여 선물했던 것으로 이들의 출토품에서 호복의 실체가 알려지게 되었다. 그림 II-25·26은 노인·우라에서 출토된 絹製견제의 상의와 바지이며,

| 그림 II-25 | 그림 II-26 |

〈그림 II-25〉 호복의 상의 (흉노)

〈그림 II-26〉 호복의 고 (흉노)

漢<sup>한</sup>나라에서 선물 받은 견직물을 흉노인이 호복으로 봉제 가공한 것이었을 것이다.

유목기마민족 복장의 상세한 내용은 이후 또 언급하겠지만 중국 사회에 들어온 호복의 습속은 秦<sup>진</sup>・漢<sup>한</sup> 시대까지는 아직 무사계급 일부에서 행해지던 정도였고 일반에게 보급되지는 않았다.


### 周<sup>주</sup>대 서민의 복식

주나라 시대의 일반서민의 복장은 상의용으로서 衫<sup>삼</sup>, 襦<sup>유</sup> 襜褕<sup>첨수</sup>, 長袍<sup>장포</sup>, 裲襠<sup>양당</sup>, 背心<sup>배심4)</sup>이 있었고, 쓰개에는 蒙巾<sup>몽건</sup>(그림 II-10 참조)이나 佩巾<sup>패건</sup> 등의 두발을 싸는 천을 모자형태로 재봉한 것이 있었다. 또 관리도 신분이 낮은 사람들은 관 대신에 천으로 만든 원통형의 모자인 幘<sup>책</sup>을 착용하였다.

방한용의 모피 의복은 호복이 들어오기 전부터 漢<sup>한</sup>민족이 착용하였지만, 裘<sup>구</sup> 중에서도 최고급품은 여우의 겨드랑이의 하얀 털로 만든 狐白裘<sup>호백구</sup>였고 天子<sup>천자</sup>만이 소유할 수 있는 것이었다. 또한 貂皮<sup>초피</sup>나 밍크 가죽 등도 귀한 것이었고, 일반서민은 방한용 모피로 개나 양, 이리, 노루 등의 모피를 이용하였다.

당시의 옷감은 麻布<sup>마포</sup>가 중심이었으며, 조밀한 葛布<sup>갈포</sup>를 絺<sup>치</sup>, 성긴 갈포를 綌<sup>격</sup>이라고 하였다. 하반신을 가리는 속옷으로서 脛衣<sup>경의</sup>라는 일본 잠방이와 비슷한 것이 있었고, 방한용으로서 남녀공용으로 사용했지만 특히 남자의 속옷으로 팬츠나 잠방이형도 있었다.

서민의 신은 麻履<sup>마리</sup>, 草履<sup>초리</sup>, 木履<sup>목리</sup> 등이 있었고, 무두질한 가죽으로 만든 革履<sup>혁리</sup>도 있었다.

4) 衫<sup>삼</sup> : 짧은 홑옷, 긴 것은 장삼.
襦<sup>유</sup> : 짧은 겹옷, 혹은 솜을 넣은 옷.
襜褕<sup>첨수</sup> : 무릎정도 길이의 홑옷.
長袍<sup>장포</sup> : 길이가 긴 겉옷.
裲襠<sup>양당</sup> : 몸 앞뒤, 가슴과 등만을 덮는 것.
背心<sup>배심</sup> : 소매가 없는 조끼형 의복.

여자 화장에 대해서는 『詩經시경』 중에 미인을 형용하여 "손은 부드러운 어린 띠꽃 같고, 피부는 매끄럽게 응고된 기름 같고, 목은 가는 도롱이 벌레 같고, 이는 하얀 박씨 같으며, 매미의 이마, 나방의 눈썹, 고운 미소가 예쁘기도 하니, 아름다운 눈으로 흘겨보기도 하고"라고 쓰인 구절에서 춘추시대의 미녀의 기준을 보여주고 있는 점은 흥미롭다.

# 3. 진·한 시대의 복식

## 秦진대의 복장

기원전 221년 진나라의 시황제는 전국시대의 분열국가를 통일해서 중국 최초의 중앙집권국가를 건설하였다. 이 시대의 公服<sup>공복</sup>은 周<sup>주</sup>대의 제도를 답습하여, 祭服<sup>제복</sup>으로 袗玄<sup>균현5)</sup>과 長冠<sup>장관</sup>, 朝服<sup>조복</sup>으로는 祇服<sup>기복6)</sup>이라는 극히 간단한 것이었다. 또 복색과 12장의 服章<sup>복장</sup>에 있어서도 특별히 엄격한 규제는 없었던 것 같다. 당시의 복식자료는 출토품이 적어서 최근까지 이를 잘 알 수 없었지만, 1974년 陝西省<sup>섬서성</sup> 驪山<sup>여산</sup>의 始皇帝陵<sup>시황제릉</sup> 陪葬坑<sup>배장갱</sup>으로부터 수천 개의 等身大<sup>등신대</sup> 武人<sup>무인</sup> 도제인형들이 발견되었다. 이 도제인형은 2종류가 있는데, 그 한 종류(그림 II-27)는 짧은 葛衣<sup>갈의</sup>에 바지를 입은 무인으로, 허리에 가죽 벨트를 매고, 머리는 묶어서 상투(髻)를 틀었으며, 下肢<sup>하지</sup>에 脚絆<sup>각반7)</sup>을 하고 운두가 낮은 革履<sup>혁리</sup>를 신었다. 다른 한 종류(그림 II-28)는 短葛<sup>단갈</sup> 위에 札甲<sup>찰갑</sup>을 붙인 것이다. 찰갑은 가죽의 작은 조각을 징으로 맞춰서 연결한 갑옷이다.

5) 袗玄<sup>균현</sup> : 흑색의 袍衣<sup>포의</sup>.

6) 祇服<sup>기복</sup> : 길이가 짧은 홑옷.

7) 각반 : 行縢<sup>행등</sup>, 행전이리고도 함.

〈그림 II-27〉 褐衣를 착용한 병사(秦)(陝西省·驪山 배장갱 출토) 진나라 시황제의 葬地 섬서성 여산 능 근처의 배장갱에서 출토된 등신대의 陶製인물상으로 처음에는 채색이 되었으나 갱에 빛이 들어가며 탈색되었다. 짧은 통수의에 솜을 둔 우임과 短袴를 입고 혁대를 매었다. 종아리에 布脚絆를 두르고 운두가 낮은 革履를 신고 있다. 관모는 없으나 머리는 단단히 땋아서 상투를 틀었다. 진나라의 병사복장을 알 수 있는 중요한 자료이다.

〈그림 II-28〉 札甲을 착용한 무인(秦)(섬서성·여산 배장갱 출토) 시황제의 배장갱에서 출토된 무인 陶俑으로 葛衣위에 가죽 小片을 붙여 만든 찰갑을 입고 있는데 계급이 높은 무인으로 보인다. 갑옷은 bodice와 상박부를 덮고 있으나 복장 전체는 다른 병사와 차이가 없다.

같은 구덩이에서 등신대의 陶製도제인 말과 병기 등도 발견되고 있는데, 진대의 말은 모두 戰車전차를 끄는 용도였고 승마용은 아니었다. 따라서 이들 무인은 보병과 전차병만으로서, 기병은 포함되지 않는다. 전국시대, 趙조나라 武靈王무령왕에 의해서 사용된 기마 전술도 진나라 시기까지는 그다지 보급되지 않았던 것을 알 수 있다.

당시 진의 영토는 북쪽은 만리장성으로부터 남쪽은 통킹만 부근까지 이르렀고, 서쪽은 貴州귀주, 四川사천, 甘肅감숙 일대를 지배권으로 하였다. 시황제는 견직물의 증산에 의한 富國强兵策부국강병책을 추진하였기 때문에 양잠 및 견직 기술은 중국 전국토로 보급되었다.


### 前漢전한 시대의 복장

기원전 202년 秦진이 멸망하고 漢한이 부흥하여 長安장안, 지금의 西安서안에 도읍지를 정하였다. 전한의 복장도 기본적으로는 秦진대를 답습하지만, 초대 황제인 高祖고조는 즉위 이후 작위가 公乘공승 이하인 사람은 長冠장관을 금하고, 商人상인이 錦繡금수, 綺기, 穀곡, 絺치, 紵저, 罽계를 입는 것을 금하였다. 公乘공승이란 군 軍吏군리 중의 최고 지위이며 기와 곡은 고급 견직물이며, 치, 저는 고급 마직물, 계는 모직물을 말한다.

또 文帝문제(B.C.179-B.C.157)대에는 황제 스스로 戈綈과제[8]를 입고, 草鞋초혜를 신었다. 관리의 朝服조복에도 單衣단의를 착용하도록 하고 검소함과 절약을 장려하였다.

『史記사기』나 『漢書한서』에 보이는 전한시대 관리의 복장으로서 繡衣수의, 朱衣素裳주의소상, 襜褕첨유, 儒服유복 등이 있었고, 상류계급 여자들의 복장은 紺衣皂裳감의조상, 靑衣縹裳청의표상 등이 있었던 것이 기록되어 있지만 모두

---

8)  戈綈과제 : 흑색의 粗布조포.

수구가 넓은 深衣심의식 의복으로 착용할 때는 대대, 폐슬을 덧붙였다. 관리의 평복에 대해서는 특별한 규제는 없었지만, 단지 길고 큰 袍衣포의는 금지되었다.

전한 말기가 되면, 민간에 의한 부의 축적이 증대하여 화려한 복장이 유행하게 되고, 부유한 지주와 상인들은 錦繡금수로 만든 의복을 입고, 견으로 된 신발을 신게 되었다. 成帝성제(B.C.32-B.C.7)는 칙령을 내려서 서민 복장에 靑청과 綠녹 이외의 색상이 사용되는 것을 금지하였다.

1972년 중국 湖南省호남성 長沙장사지역의 馬王堆마왕퇴에서 漢한 왕실의 왕족 軟候夫妻대후부처의 묘가 발견되었다는 뉴스는 금세기 최대의 발견으로 세계를 놀라게 하였다. 기원전 100년경인 전한 초기의 묘에서 생전 그대로의 부인 遺體유체와 함께 많은 부장품이 발굴되었고, 발굴품 중에는 당시의 고급 견직물 외에 袍衣포의, 單衣단의, 袴고, 장갑(그림 II-29), 버선, 履리 등의 복식품이 완전한 상태로 남아있었다.

〈그림 II-29〉 자수된 綺羅 장갑(前漢)(호남성·장사 출토) 마왕퇴에서 출토된 漢대 초기 복식 유품 중 하나. 綺와 라의 絹地를 조합하여 만든 장갑으로, 손가락 앞은 黑絹이며 보강된 手甲부분에 飛雲文 자수가 사이에 놓여 있다.

양자강 유역의 호남성은 전국시대의 楚초나라의 영지로 황하유역과는 기후, 풍토의 조건도 다르고 예부터 독자적인 江南강남 문화가 발전하고 있어서 이미 장사의 戰國전국묘에서는 세계 최고의 彩色채색 絹畵견화(그림 II-30·31)와 錦금의 단편도 발견되었다.

중국과학원의 『長沙馬王堆一號漢墓장사마왕퇴일호한묘』의 보고에 의하면 매미 날개처럼 얇은 白紗單衣백사단의(그림 II-32), 對鳥菱文대조능문의 綺기(그림 II-33), 香袋향대에 사용된 문양을 넣은 綺羅기라(그림 II-34), 최고도의 紋織문직기술에 의한 起絨錦기융금,[9] 각종 자수, 고급 마직물, 印花彩文黃紗袍인화채문황사포(그림 II-35)와 같은 최고급의 나염 직물, 그 외에 다량의 염색된 직물이 전해진다.

9) 起絨錦기융금: 輪奈織윤나직.

| 그림 II-30 | 그림 II-31 |
| 그림 II-32 | 그림 II-33 |
| 그림 II-34 | 그림 II-35 |

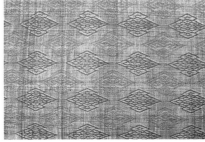

〈그림 II-30〉 馬王堆 帛畫(前漢)(湖南省·長沙출토)  마왕퇴 1호묘의 관위에 덮어 있던 絹幡이며 1호묘에서 전한초기의 軒候부인의 생전모습 그대로 발견되었다. 幡에는 부인생전의 생활이 묘사되어 있고 전한 귀족사회의 복장을 알 수 있는 주요한 자료 중의 하나이다.

〈그림 II-31〉 마왕퇴 백화의 일부(前漢)(호남성·장사 출토)  幡에 묘사된 그림에는 중앙부 天蓋의 하단에 被葬者인 헌후부인과 侍者들이 보이지만, 주인공은 머리에 花簪을 꽂고, 헐렁한 袍를 걸치고 있으며, 3인의 長袍를 입은 시녀와 관을 쓴 2인의 시종이 무릎을 꿇고 무엇인가를 받치고 있다. 남녀시지의 복색이 다른 것은 신분계급의 차이에서 오는 것으로 보인다.

〈그림 II-32〉 黃紗 袍衣(前漢)(호남성·장사 출토)  마왕퇴1 호묘에서 출토된 문양이 채색된 황색 紗로 만들어진 것으로, 직물의 한 면은 손뭉사의 판본에 의한 수차례의 니염 문양이 보인다. 당시로는 최상급 신분의 귀족이 이용한 고급 견직물이다.

〈그림 II-33〉 白紗衫(前漢)(호남성·장사 출토)  마왕퇴1 호묘 출토품의 하나로, 잠자리 날개와 같은 얇은 백사의 홑옷으로 전체무게는 49g이다. 화장 95cm 길이 128cm이고 黑緣이 둘러져 있다. 筒袖交領의 衫으로 일본의 기모노와 형태가 비슷하다.

〈그림 II-34〉 漢代 초기의 綾絹(前漢)(호남성·장사 출토)  마왕퇴 한묘에서는 의복 외에 당시의 직물이 46점 발견되었는데 이것도 그중 하나로서 黃色 바탕에 對鳥菱文이 표현된 능견의 일종의 綺이다. 올 사이사이에 문양을 浮出시킨 공단의 일종으로 綺의 바탕은 金絲로 乘雲文이 사이에 자수되어 있다.

〈그림 II-35〉 한대 초기의 羅(前漢)(호남성·장사 출토)  마왕퇴 전한 염직품의 하나로서, 羅布는 烟色地에 菱形文을 부출시킨 것도 있는데, 羅는 撚絲를 사용하여 그 밀도의 정도에 따라 문양을 부출시킨 견직물이다.

## 중국 最古<sup>최고</sup>의 관복제도

前漢<sup>전한</sup>은 기원전 8년에 王莽<sup>왕망</sup>의 반란에 의해 멸망하고, 한 때 新<sup>신(B.C.8~A.D.25)</sup>이 건국되었으나 서기 25년 光武帝<sup>광무제</sup>가 漢朝<sup>한조</sup>를 부흥하여 도읍을 동쪽 洛陽<sup>낙양</sup>으로 천도하였다. 이후를 後漢<sup>후한</sup>시대<sup>(A.D.25~200)</sup>라고 하며, 광무제는 오행설에 기초하여 전한의 木德<sup>목덕</sup>을 火德<sup>화덕</sup>으로 바꾸고, 이와 함께 복색의 제도도 바꾸어 화덕을 상징하는 赤色<sup>적색</sup>을 최고지위의 색으로 정하였다. 광무제 57년에는 倭王<sup>왜왕</sup>이 후한으로 사신을 보내어 공납하고, 광무제로부터 '漢委奴國王<sup>한위노국왕</sup>'의 金印<sup>금인</sup>을 사여받았다고 『후한서』는 기록하고 있다.

2대 明帝<sup>명제</sup>의 永平<sup>영평</sup> 2년<sup>(59)</sup>에 중국 最古<sup>최고</sup>의 관복제도가 제정되었다. 영평의 복제는 周<sup>주</sup>대의 관복양식에 준거하면서 전한시대의 제도를 채용한 것으로 황제 이하 문무백관의 제복 및 조복을 다음과 같이 제정하였다.

冕服<sup>면복</sup>, 즉 祭服<sup>제복</sup> 8종은 冕冠<sup>면관</sup>, 長冠<sup>장관</sup>, 委貌冠<sup>위모관</sup>, 皮弁<sup>피변</sup>, 爵弁<sup>작변</sup>, 建華冠<sup>건화관</sup>, 方山冠<sup>방산관</sup>, 巧士冠<sup>교사관</sup>이며 朝服<sup>조복</sup> 11종은 通天冠<sup>통천관</sup>(그림 II-36·37), 遠遊冠<sup>원유관</sup>, 高山冠<sup>고산관</sup>, 進賢冠<sup>진현관</sup>(그림 II-38), 法冠<sup>법관</sup>, 武冠<sup>무관(무변대관武弁大冠, 혜문관惠文冠)</sup>, 却非冠<sup>각비관</sup>, 却敵冠<sup>각적관</sup>, 樊噲冠<sup>번쾌관</sup>, 術士冠<sup>술사관</sup>, 鷗冠<sup>갈관</sup> 등이다.

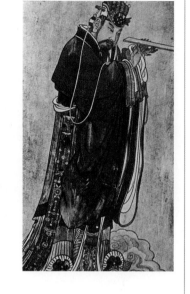

通天冠

進賢冠

| 그림 II-36 |
|-----------|
| 그림 II-37 |
| 그림 II-38 |

〈그림 II-36〉 通天冠과 朝服(山西省·永樂宮 壁畵) 元代에 만들어진 永樂鎭에 있는 도교사원 영락궁 삼청전에 그려진 벽화의 眞人像, 眞人은 道士의 최고 위로서 복장은 한대 복식 중의 조복, 통천관이 표현되어 있다. 朱緣이 있고, 中衣는 백색이며 大綬, 大佩를 걸고 鳥를 신고 있다.
〈그림 II-37〉 통천관
〈그림 II-38〉 진현관

이상은 영평 년간의 복제이고 모두 관모의 명칭으로 복식일습을 명명하고 있으며 복장 전체를 의미한다. 이상의 용어를 설명하는 참고서로는 原田淑人하라다 요시히토 박사의 『漢六朝の服飾한육조의복식』이 있다.

〈그림 II-39〉 현의 훈상

『후한서 여복지』에 의하면 "天子천자, 三公삼공, 九卿구경, 特進특진의 侯侍후시, 祠侯사후는 天地천지 明堂명당에 제사할 때 모두 旒冕류면을 쓰고, 의는 玄현, 상은 纁훈(그림 II-39)으로 한다. 천자의 乘輿승여와 의복에는 日일, 月월, 星辰성신, 山산, 龍용, 華蟲화충, 藻조, 火화, 粉米분미, 宗彝종이 黼보, 黻불의 12장으로 장식하고 三公삼공 諸侯제후는 산, 용 이하의 9장, 九卿구경 이하는 화충 이하 7장을 이용한다. 모두 五彩오채를 갖추고 大佩대패, 赤舃적석, 絇履순리를 착용한다."라고 되어 있어서 이 영평의 복제에는 관모와 의복만이 아니라 佩綬패수, 신발까지 복식품 모두에 걸쳐서 상세하게 규제하고 있다. 絇순이란 신발 앞 끝이 뒤로 젖혀진 부분으로 여기에 구멍이 있어 끈이 통과되도록 만들어져 있다. 대패는 그림 II-17에 보이듯이 綬수 위에 거는 玉佩옥패로 沖牙충아 珩형, 琚거, 璜황 등으로 구성되어 모두 白玉백옥의 串玉관옥으로 이은 것이다.

또 면복을 착용할 때에는 內衣내의로서 적색의 선을 두른 中衣중의를 입고, 또 관리가 계절에 따라서 복색을 바꾸는 '五時服色오시복색'의 제도도 정하였다. 즉 立春입춘에서 立夏입하까지는 靑청, 입하에서 立秋입추 전 18일까지는 赤적, 입추 전 18일에서 입추까지는 黃황, 입추 당일은 白백이고, 그 후엔 적, 立冬입동 당일은 黑흑, 그 후에는 赤色적색으로 五季오계를 구별하여 복색을 바꾸는데 그 중심이 되는 색깔은 적색이었다.

이와 같은 관복의 제도는 남자뿐 아니라 궁정에 시중드는 부인들의 公服공복에 대해서도 廟服묘복, 蠶服잠복, 佐祭服좌제복, 會見服회견복, 婚服혼복 등의 제도가 있었으며 佩綬패수의 제도도 정하게 되었다. 또 남자의 관에 해당하는 여자의 두식품으로 巾幗건괵이라 일컫는 일종의 髮飾발식 있는데, 말의 꼬리나 絹絲견사, 때로는 사람의 머리카락으로 만들어진 假髻가계를 쓰고 여기에 簪珥잠이나 摘적을 꽂고, 華勝화승이나 步搖보요로 장식하였다. 前面전면에는 白珠백주를 環狀환상으로 엮은 玉環옥환을 장식하고 翡翠비취의 날개로 만들어진 爵작을 장식했다. 옥환을 九華구화라 하며, 작에는 곰이나 호랑이 등 6종의 靈獸영수가 사용되었는데 백주의 수나 영수의 종류에 따라 신분의 상하가 구별되었다. 근세 宋송대 이후가 되면 이와 같은 여자의 복잡한 두식은 장식품이 모두 일습이 된 寶冠보관으로 대용된다. 의복이나 신발류에 있어서도 후대까지 이러한 후한시대의 여자 복제가 대부분 그대로 답습되고 있다. 더구나 周주대의 王后왕후·命婦명부의 六服육복의 제도도 영평시기의 의복령으로 이어지고 있다. 이 육복 제도도 시대에 따라서 약간의 변경이 있었으나 明명대까지 계속 이어졌다.

漢한대 상류 귀족의 복장은 상의는 넉넉한 심의 모양의 袍衣포의에 가는 帶대를 매고 머리에는 관, 幘책을 쓰고 있다(그림 II-40·41). 무인이나 騎乘兵기승병의 경우는 袴褶고습차림도 보이며(그림 II-42·43·44·45), 褶습은 胡服호복식의 짧은 상의이다. 그림 II-46은 畵像石화상석에 보이는 衛士위사의 복장으로 무릎길이의 襦유와 바지를 입고 장대한 칼을

〈그림 II-40〉 車馬의 행렬(前漢)(遼寧湖·遼陽 출토) 前漢묘에 그려진 車馬행렬 벽화 일부. 맨 앞에 달리는 것이 주인공을 태운 이륜마차이고 그 뒤에 기마병이 계속 따르고 있다. 복장의 세부까지는 잘 알 수 없지만 동북 변경에 사는 漢대 지방 관리의 풍속이 묘사된 것이다.

〈그림 II-41〉 塼壁에 묘사된 인물(前漢)(미국 · 보스턴미술관) 벽화는 日干煉瓦로 만든 묘실 벽으로, 이 벽면에 채색으로 두 사람의 인물이 묘사되어 있다. 모두 한대 관리를 나타내는 것으로 복장은 넓은 袍衣, 복두 형태의 두건을 쓰고 손에 가는 막대를 들고 있다.

〈그림 II-42〉 騎馬衛兵 청동상(後漢)(甘肅省 · 武威 漢墓 출토) 武威縣 雷臺의 張將軍의 묘에서 출토된 부장품으로 주인공의 거마 출행을 묘사한 청동제 군상의 일부. 戟과 矛를 잡은 기마병의 복장은 袴褶이며 도보의 從者는 長袍를 입었다.

〈그림 II-43〉 酒宴圖(前漢)(하남성 · 낙양 한묘벽화) 중국에서 가장 오래된 묘의 벽화로서 그림의 주제는 項羽와 劉邦의 鴻門의 會 故事를 그린 것으로 유방의 군병이 소고기를 구워 안주를 만들고 있는 장면으로 병사의 복장은 襦袴(짧은 상의와 바지)이다.

〈그림 II-44〉 옥제 製衛士立像(前漢)(미국 · 보스턴박물관) 백옥으로 만들어진 위사의 입상으로 무릎 길이의 짧은 袍와 袴를 입고 손은 양소매 속으로 집어넣은 供手자세이다. 편평한 頭巾을 쓴 漢人의 하급관리로 보인다.

〈그림 II-45〉 칼과 방패를 든 병사상(後漢) 왼손에 방패 오른손에 칼을 든 병사의 상. 소재는 질그릇의 회도이며 袴褶을 입고 편평한 두건을 썼다.

〈그림 II-46〉 화상석에 묘사된 위사(한)

| 그림 II-41 | 그림 II-42 |
|---|---|
| 그림 II-43 | |
| 그림 II-44 | 그림 II-45 그림 II-46 |

차고 머리에는 책을 쓰고 있지만(그림 II-47), 그림 II-48의 한대 묘벽의 博<sup>전</sup>에 그려진 연회 그림에는 왼쪽 위의 주인공 부처와 앉아있는 2명의 악기를 연주하는 사람은 袍衣<sup>포의</sup>를 입고 있지만, 춤추는 4명은 모두 고습을 입고 있다. 그림 II-49·50은 漢<sup>한</sup>대의 식민지였던 한반도의 낙랑 유적에서 출토된 彩篋<sup>채협</sup>에 그려진 漆繪<sup>칠회</sup>인데 인물은 모두 포의를 입고 있다.

| | 그림 II-47 | |
|---|---|---|
| 그림 II-49 | 그림 II-48 | |
| | 그림 II-50 | |

〈그림 II-47〉 幘袍를 착용한 武士(後漢)(하남성·낙양 한묘벽화) 낙양 上林苑에서 발견된 후한 초기의 묘벽화로, 3인의 인물이 그려져 있다. 중앙의 인물은 백색 褊袴 위에 朱色 짧은 軍袍를 입고 幘을 쓰고 검을 차고 있다. 오른쪽 사람은 靑色 軍袍를 입고 창과 방패를 양손에 들었다. 왼쪽 사람은 유고에 革靴를 신었다. 모두 후한 초기의 무인을 묘사한 것으로 군포의 색이 다른 것은 계급의 차이를 보여주는 것이다.

〈그림 II-48〉 한묘 벽화

〈그림 II-49〉 낙랑 출토 채협그림

〈그림 II-50〉 彩篋 인물화(朝鮮)(낙랑유적 출토) 藍胎漆器의 상자 주변에 묘사된 칠그림으로 전한시대 낙랑유적에서 출토된 것. 복장은 모두 헐렁한 袍衣이며 관을 쓰고 끈으로 묶었다. 그림에는 '侍郞', '使者'의 문자가 보이며 '孝者物語'를 그림으로 그린 것이다.

〈그림 II-51〉 長信宮의
등잔을 든 궁녀(前漢)(河北
省·滿城 한묘 출토) 포
의를 입은 궁녀가 양손에
등잔을 든 인물상으로 청
동제에 금도금을 하였다.
전체가 촉대하나로 만들어
진 것이며 촉대는 갓, 통,
접시부분이 분리될 수 있
다. 장신궁은 漢代 황태후
의 궁전이다.

〈그림 II-52〉 한시대의
상류 부인

〈그림 II-53〉 부인옥용(한)

〈그림 II-54〉 소녀옥용(한)

| 그림<br>II-51 | |
| --- | --- |
| 그림<br>II-52 | |
| 그림 II-53 | 그림<br>II-54 |

한대의 버선은 남녀 모두 신었는데 이를 襪
말 혹은 袜말이라 일컫고, 발목이 긴 버선과 보
통의 버선이 있고 또 袴고와 합쳐진 버선도 있
었다.(그림 II-61 · 62)

한대의 궁녀들은 일반적으로 옷자락이 긴
포의를 입고 있다(그림 II-51). 그림 II-52는 한
대 상류 부인을 나타낸 彩色俑채색용이다. 문양
이 있는 옷자락이 긴 상의로 수구에 넓게 접어
넣은 부분이 보이고, 그림 II-53는 玉俑옥용에
표현된 궁정 부인상으로 옷자락은 길고 뒤가
끌리며 결발은 크게 하였다. 그림 II-54는 상류
사회의 소녀를 나타낸 옥용인데 상의는 소매
통이 넓고 길이가 짧은 短襦단유, 넓은 바지, 머
리모양은 雙髻쌍계이다. 머리모양은 결발 뿐만

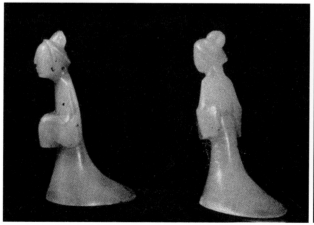

아니라 길게 기른 垂
髮<sup>수발</sup>도 있고(그림 II
-55·56) 頭巾<sup>두건</sup>이나
蒙巾<sup>몽건</sup>을 쓸 때도 있
었다.

## 漢代<sup>한대</sup> 서민의 복장

일반적으로 한대의 하급 관리나 從僕
<sup>종복</sup>, 役夫<sup>역부</sup> 등은 蒼頭<sup>창두</sup>라 불렸는데,
이들은 白衣<sup>백의</sup>에 푸른 幘<sup>책</sup>을 썼기 때문
이고, 門衛<sup>문위</sup>나 召使<sup>소사</sup>는 검은 幘<sup>책</sup>에
黑衣<sup>흑의</sup>를 입고, 병사나 兵奴<sup>병노</sup>는 적색
의 짧은 노동용 덧옷인 襜褕<sup>첨유</sup>를 입고
머리에는 絳帕<sup>강파</sup>, 또는 붉은 幘<sup>책</sup>을 쓴
다. 그림 II-57은 요리사를 표현한 질그
릇의 토용인데 소매 없는 短衫<sup>단삼</sup>에 巾<sup>건</sup>
을 쓰고 있다.

〈그림 II-58〉 한대궁녀
도용

〈그림 II-59〉 灰陶女子俑
(後漢) 漢代 서민 여자의
복장을 보여주는 土俑이다.
소매와 옷자락은 좁으며 일
본의 기모노와 흡사하다.
허리에는 보이지는 않지만
가는 대를 매고 수건과 같
은 頭巾을 썼다. 이와 같이
원피스식의 상의를 襦라고
하며, 긴 것은 長襦, 짧은
것은 短襦라 한다.

귀족의 하급 노비는 그림 II-58에서 보
듯이 짧은 襦유에 袴고를 입는 경우가 많
고 侍女시녀 계급은 袍衣포의에 긴 대를 매
고 결발은 巾건으로 덮기도 하였다(그림 II
-59). 또 귀족이나 豪族호족에 고용된 從奴
僕婢종노복비, 門卒문졸, 車輿거여를 수행하는
隨從수종 馬夫마부, 요리사 등은 각각 신분
이나 직종의 차이에 따라서 그 복장을 달
리 하였다.

이와 같이 관료나 호족과 관계없는 한
대의 일반 백성 중에는 농민과 상공업자
같은 자유인과, 土工토공과 농노 같은 사적
인 사용인, 또 문인 隱士은사와 같은 인텔
리 浪人낭인 등이 있었다. 이들의 평상시
복식은 간단한 襦유와 袴고로서, 襦유의 길
이는 허리 혹은 무릎을 덮는 정도였고 마
포 혹은 갈포로 만들어졌는데, 부유한 계
급은 견직물을 나들이옷으로 사용하는 경
우도 있었다. 일반 여자의 복장도 유고 또
는 유군인데, 여자의 유는 남자와 비교하
면 약간 긴 듯하고, 작업에 종사할 때는
무릎덮개나 앞치마를 입었다. 노동에 종
사하지 않는 문인과 土人사인, 儒者유자, 道
士도사 등은 길이가 긴 長襦장유, 長裙장군을 입고 머리에는 幅巾복건이라 하는
布포로 만들어진 모자를 썼다.

농민과 土工 등의 하급 노동자들의 복장은, 여름의 상의는 길이가 짧은 홑겹의 衫삼, 하의에는 짧은 袴고를 입었고, 발에는 草履초리를 신었다. 겨울에는 長襦장유를 접어 올리고, 유의 위에는 방한용으로 소매 없는 背心배심을 덧입었다. 쓰개는 솜이 들어간 丸帽환모 또는 犬皮견피 등의 毛皮帽모피모가 사용되었고, 짧은 革履혁리를 신었다. 이 밖에 속옷으로는 汗衫한삼, 短褲단고, 短裙단군을 남녀 모두가 입었고, 남자는 犢鼻袴독비고10)나 褌곤도 입었다. 또 작업할 때는 장유, 장군은 불편하기 때문에 袴고의 밑단을 묶거나 裙군의 옷자락을 접어 올려 허리에 끼워 넣기도 하였다. 이러한 것은 縛袴박고, 縛裙박군이라 불렀다.

또, 한대의 출토품 중에는 죽은 자에게 입힌 金縷玉衣금루옥의나 銀縷玉衣은루옥의(그림 II-60), 銅縷玉衣동루옥의가 있었다. 이것은 옥조각을 금과 은사, 동사로써 꿰매어 합한 것인데, 『후한서』에는, "天子천자의 玉衣옥의는 金縷금루, 諸侯王제후왕은 銀縷은루, 다른 귀족은 銅縷동루"라고 되어 있는데 옥의를 입힌 것은 사체의 부패를 방지하기 위한 것이었다고 한다.

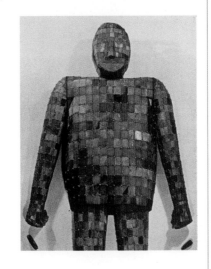

〈그림 II-60〉 銀縷玉衣(後漢)(江蘇省 徐州 한묘 출토)
서주의 彭城왕후 한묘에서 출토된 것으로, 2,600개의 옥편을 은실로 이어 붙여 만든 옥의이다. 사체의 부패를 방지하기 위하여 만든 장례복의 일종이며 이미 하북성의 中山王 전한 묘에서 金縷옥의가 출토되었지만 신분계급에 의하여 금루, 은루, 銅縷의 구별이 있다.

### 한대의 染織品염직품

한대의 염직품으로는 앞서 기술한 노인·우라의 匈奴王흉노왕의 묘나 한반도의 낙랑 유적 서역 각지에서 많이 발견되어지고 있는데, 특히 최근에는

10) 犢鼻袴독비고 : 브리프Brief, 삼각팬츠.

〈그림 II-61〉 錦袍衣(後漢)(新疆 위그르자치구 니야泥雅 출토) 한대의 經錦으로 만들어진 서역양식의 원피스로 '萬世如意'라는 문자가 있는 것으로 보아 한인에 의하여 만들어진 것은 의문이 없으나, 당시 서역주재의 한인 무관이 착용하거나 혹은 서역의 왕에게 사여된 것이 아닌가 한다.

| 그림<br>II-62 | 그림<br>II-63 |
|---|---|

〈그림 II-62〉 버선부착 바지

〈그림 II-63〉 버선과 버선 바닥(흉노)

장사의 마왕퇴 출토품이 두드러진다.

한대의 유품에는 서역에서 발견된 것도 많다. 신강 위구르 자치구에서 출토된 錦袍衣금포의(그림 II-61)나 버선(足袋), 모직물의 腰帶요대, 융단의 斷片단편 등인데 錦금으로 만들어진 의복과 버선의 바탕에 '萬世如意만세여의' '延年益壽연년익수' 등의 글이 새겨져 있는 것으로 보아 이들은 한나라의 錦工房금공방에서 만든 것이 서역왕국과의 교역품이나 선물로 사용된 것이라고 생각된다. 그림 II-62 및 그림 II-63은 漢代한대의 견으로 만들어진 버선이 달린 바지와 버선, 버선의 바닥부분으로, 모두 노인·우라의 흉노왕 묘에서 발견된 것이다. 그림 II-64·65는 같은 묘에서 발견된 한대의 錦금과 刺繡絹자수견이며 자수를 놓은 모직물(그림 II-66) 등도 많이 출토되었다.

| 그림<br>II-64 | 그림<br>II-65 | 그림<br>II-66 |
|---|---|---|

〈그림 II-64〉 부부초문 금 (한)

〈그림 II-65〉 사슬자수화 운문견(한)

〈그림 II-66〉 자수있는 모 직물(前漢) 몽골 노잉우라 Noin Ula 출토　노잉우라 흉노왕묘에서 출토된 직물 로, 동물 모양, 화조 문양, 기하학 모양을 정교하게 자 수로 표현한 그리스-이란조 의 모직물 단편이다. 당시 흉노의 높은 수준의 직포기 술이라기보다는 이란계 왕 국에서의 도래품의 일부로 보인다.

　이와 같이 한대의 염직품에는 견직물로서 錦금, 綾능, 繒증, 縑견, 羅라, 紈환, 紗사, 綺기, 繡수 등이 있는데, 袍衣포의, 單衣단의 裳상, 裙군, 袴고, 장갑, 버선, 履리 등의 재료로써 사용되었다. 얇은 견직물인 縱종나 縠곡은 관모의 재료로 사 용되었고, 또 平絹평견과 絹견, 綢주도 있었다. 마직물에는 絺綌치저나 서민들이 사용한 葛布갈포, 荅布답포가 있고, 북방 유목민과의 교역으로 입수한 모직물 과 융단 등도 있었다(그림 II-67 · 68 · 69).

　한대의 문양에는 은주시대의 뇌문과 운문 등의 자연문이나 기하학 문 양 외에, 流雲文유운문이나 離雲文이운문 등의 복잡한 문양도 있고, 또한 靈鳥 文영조문, 交龍文교룡문, 鳳錦文봉금문, 麒麟門기린문 등과 복합되어서 雲氣孔雀文운 기공작문이나 乘雲海鳥文승운해조문 등과 같은 복잡한 문양이 만들어지게 되었 다. 또 북방 유목민족의 영향을 받아서 帶鉤대구 등에서 보이는 동물문이 나 狩獵文수렵문이 채용되었고 버선이나 옷의 가장자리의 자수문 등에는 渦 卷文와권문이나 連理文연리문이 사용되거나 서역의 영향을 받아서 對鳥文대조 문, 連珠文연주문, 双魚文쌍어문, 당초 문양 등이 사용되었다. 한편, 한대의

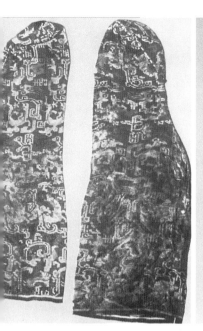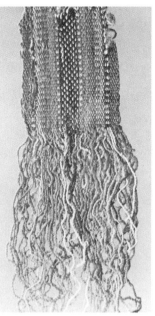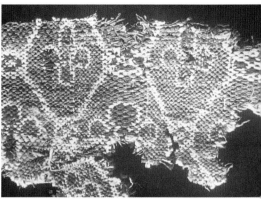

| 그림<br>II-67 | 그림<br>II-68 | 그림<br>II-69 |
|---|---|---|

〈그림 II-67〉 錦製足袋(後漢)(신강 위그르자치구 니야 출토)   그림 60과 같은 경금으로 만든 버선이며 발길이 45.5cm, 폭 17.5cm 좌우의 치수 차이가 다소 있다. '延年益壽 大宜自孫'이란 글자가 있어 한인에 의하여 만들어진 것으로 보인다. 한인은 버선을 襪 혹 袜이라고 한다.

〈그림 II-68〉 毛織細帶(後漢) 신강 위그르자치구 니야 출토   4색의 색사로 짠 8cm 폭의 가는 벨트이며 요대로 사용하거나 천막의 묶는 끈으로, 사용여부는 그 단편으로는 잘 알 수 없지만, 현재 중앙아시아 각 지역에는 이와 같은 모직물의 벨트가 일상생활의 여러 곳에 사용되고 있다.

〈그림 II-69〉 毛織物斷片(後漢) 신강 위그르자치구 니야 출토   龜甲文의 중앙에 4변의 花紋이 배치된 모직물. 타림분지의 니야 지방은 漢代에 高昌國과 都善國이 번영하였고, 원주민의 대부분은 이란계의 유목민이다. 또한 한문화는 상류계급의 일부분에 침투하게 되었다. 이와 같은 모직물은 이란계 원주민이 직조한 것으로 보인다.

吉祥文<sup>길상문</sup>이나 瑞兆文<sup>서조문</sup> 등이 반대로 서역의 모직물의 문양에 사용된 예도 있다.

# 4. 고대 오리엔트와 유목민족의 복식

## 고대 메소포타미아의 복장

1927년 영국의 고고학자 Leonard Woolley레오나르도 울리는 남 메소포타미아에서 기원전 3000년경에 번성하였던 Ur우르 왕조의 왕묘를 발견하고, 황금으로 된 首飾수식과 팔찌 등의 상당량의 장식품과 무기 등을 발굴하여 세계의 학계를 놀라게 하였다(그림 II-70·71). 이후 메소포타미아 일대에서는 발굴 붐이 계속되어 오늘날까지 이르렀다. 현재까지 알려진 메소포타미아 문명은 이집트 문명보다 오래되었고 Sumer수메르의 도시국가 시대에는 이미 소아시아, 이집트, 인도 등과의 교류가 행해졌다는 사실이다. 복식에 있어서도 의복이나 장식품의 재료나 문양, 형태에서 상당한 공통적 요소들을 볼 수 있다. 당시의 복식을 연구하기 위해서는 유적의 조각이나 출토품이 유일한 단서였지만 최근에는 契形文書설형문서의 해독이 이루어져서, Kiera키에라의 『점토에 쓰여진 역사』에 의하면 당시의

<그림 II-70> 우르Ur의 장신구(B,C 3000) 이라크·우르왕묘 출토  우르 제1왕조 왕묘에서 출토된 여성용의 장신구로 황금제의 촘葉을 붙여 만든 헤어밴드와 瑠璃와 홍옥을 연결하여 만든 머리장식 등 고대 메소포타미아 문명의 수준이 상상된다.

<그림 II-71> 황금 투구(B,C, 3000) 이라크·우르왕묘 출토  유명한 메스칼람더그Meskalamdug 왕의 황금 투구이며 의식용으로 특별히 제작된 것으로 두 발 위에 헤어밴드를 두른 모습의 디자인이다.

| |
|---|
| 그림 II-70 |

| |
|---|
| 그림 II-71 |

신전 내부는 일종의 생산공장으로 실을 방적하고, 직기에 의한 직조, 의복의 제작을 맡았던 여공이 있었으며 지급 받았던 일당이 기록되어 있는 지불수첩이나 부유한 계급의 부인들이 가지고 있던 복장의 리스트 등이 설형문서에 쓰여 있다는 것이 알려지게 되었다. 또 당시 이집트와의 외교문서도 발견되어 고대 오리엔트 제국 간에 상당히 밀접한 교류가 있었던 것도 증명되었다.

<그림 II-72> 에피르상 (B.C. 3000) 프랑스·루브르박물관 메소포타미아 마리Marie의 이슈타르Ishutar 신전지에서 발견된 에피르의 예배상으로, 당시의 고위 관리이다. 하반신에는 양모 다발을 붙여 만든 카우나케스Kaunakes 스커트를 두른 아라바스타Arabusta (설화석고) 인물상이다.

그림 II-72는 Mari마리의 Ishtar이슈타르 신전에서 발견된 Ebih-il에비-이루상으로 상반신은 나체지만 하반신에는 양모의 덩어리를 장식한 듯한 독특한 스커트를 입고 있다. 이것을 미국의 한 학자는 Kaunakes카우나케스라고 명명했지만 이것은 주로 상류층용이었으며 일반인은 옷자락이 술처럼 잘린 가죽으로 된 스커트를 입었다. 이 가죽 치마는 설형문자로 장식된 것도 있었다. 또 이 카우나케스는 肩衣견의로 사용된 경우도 있었다. 그림 II-73·74에서 보이는 것처럼 망토 형태의 코트와 헬멧식의 모자도 있었지만 신발은 보이지 않는 것을 보면 맨발로 생활한 경우가 많았던 것으로 보인다.

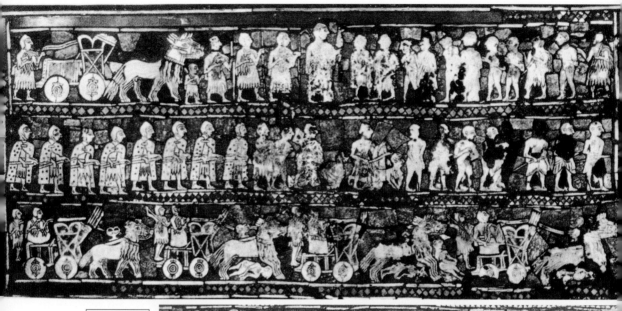

| 그림 II-73 |
| 그림 II-74 |

〈그림 II-73〉 우르의 스탠다드

〈그림 II-74〉 우르의 스탠다드Standard(B.C.2500) 영국 · 대영박물관　우르왕묘에서 출토된 스탠다드(깃발)로 강화를 기념하기 위하여 적과 아군이 함께 즐기는 광경을 묘사한 것이다. 상단 좌측의 옥좌에는 왕이 카우나케스 스커트를 입고 중간 하단에 공물을 바치는 종자는 무두질한 가죽 스커트를 입었다.

고대 이집트에서는 마직물이 사용되고 있었으나, 수메르 전기의 복장은 가죽으로 된 옷이 많다. 그러나 조각이나 부조 표면에 나타난 것 이외에도 복장의 재료로서 모직물이나 이집트산의 아마포나 인도산의 면포가 사용되고 있었을 가능성도 있다. 우르 왕조 후의 Gudea<sup>구데아</sup> 왕조의 유적 Lagash<sup>라가시</sup>로부터 출토된 구데아의 입상을 보면, fringe<sup>프린지</sup>가 붙은 그리스풍의 권의를 입고, 꺾어서 올린 Gudea帽<sup>구데아모</sup>를 쓰고 있다(그림 II-75 · 76).

그림 II-77은 Elam<sup>엘람</sup>의 고도 Susa<sup>스사</sup> 유적으로부터 발견된 유명한 함무라비 법전 碑<sup>비</sup>에 보이는 복장으로, 소용돌이 모양의 頭帶<sup>두대</sup>를 두르고, 卷衣<sup>권의</sup>식의 상의를 입고 카우나케스풍의 스커트를 입은 태양신이, 프린지가 붙은 권의에 구데아 모를 쓴 함무라비왕에게 법전을 주고 있는 장면으로, 이때부터 가죽으로 된 샌들이 조각 등에 나타나게 되었다.

기원전 2000년경이 되면, 마리 왕궁의 벽화(그림 II-78)에 보이는 것 같이, 깃털 모양의 수를 놓은 권의에 가죽 밴드를 매고, 펠트의 헬멧 모자를 쓴

| 그림<br>II-75 | 그림<br>II-76 | 그림<br>II-77 |
|---|---|---|

〈그림 II-75〉 구데아 입상 Gudea Statue(B.C.2500) 프랑스 · 루브르박물관  바빌로니아의 종교적 지배자 구데아의 상. 머리에는 펠트제의 접어올린 구데아모를 쓰고 의복은 왼쪽어깨에 1장의 가사의만을 걸친 채로 발이 보인다.

〈그림 II-76〉 라가시 왕 입상King Lagash Statue (B.C.2500) 프랑스 · 루브르박물관  슈메르시대 라가시왕의 머리 없는 입상으로 곱슬머리형의 술장식이 있는 솔형(Shawl Style) 卷衣를 어깨에서 허리에 두른 모습이 인도의 사리 착용과 흡사하다.

〈그림 II-77〉 함무라비왕 법전비

복장이 보이게 된다. 특히 기원전 1200년경의 Hittites<sup>히타이트</sup>시대가 되면 그림 II-79의 Hattusas<sup>하토슈스</sup>의 王門<sup>왕문</sup>의 남신상처럼, 짧은 가죽 스커트를 하반신에 딱 붙게 입고, 단검을 허리에 차고, 손에 도끼를 들고 헬멧식의 가죽 모자를 쓴 전사의 상이 보이게 된다.

| 그림 | 그림 |
| II-78 | II-79 |

〈그림 II-78〉 제물奉納 벽화(B.C.2000) 프랑스 · 루브르박물관 메소포타미아 마리왕궁 궁전에 묘사된 벽화의 일부이다. 희생용의 제물인 소를 몇 사람의 종자가 제사 장소로 끌고 나오는 장면이다. 종자의 복장은 헬멧형의 펠트모felt帽를 쓰고 깃털 장식이 있는 卷衣를 걸쳤다. 首飾과 腕飾도 보인다.

〈그림 II-79〉 핫도수츠왕문의 상(전12세기)

그 후 히타이트에 이어, 서아시아에 군림한 나라는 기원전 8세기경의 앗시리아로, 당시 왕궁의 벽화에는 두발을 붉은 리본으로 묶고, 상반신에 반소매의 셔츠와 같은 블라우스를 입은 여성의 모습이 보인다(그림 II-80). 또, 그림 II-81의 앗시리아 왕의 성장한 모습을 보면, 한 장의 숄을 둘로 접어 술 장식이 2단으로 하여 어깨에 두르는 착용 양식이 보인다. 그림 II-82는 신바빌로니아 시대의 Sargon<sup>사르곤</sup> 왕의 시종의 복장으로 길이가 긴 권의에 단검을 의복의 위부터 찔러 넣었는데, 밴드는 보이지 않는다.

| 그림<br>II-80 | 그림<br>II-81 | 그림<br>II-82 |
|---|---|---|

〈그림 II-80〉 壁畵의 侍女(前8세기) 프랑스·루부르박물관 메소포타미아의 틸바싶Til Barsip 궁전에서 발견된 벽화의 일부이다. 적색밴드赤色band를 머리에 두르고 상반신에는 반소매 그물망의 블라우스를 걸쳤으며, 紅白 縞帶를 허리에 매고 있는 시녀는 下衣는 분명하지 않으나, 신분이 낮은 복장을 표현하고 있다.

〈그림 II-81〉 앗시리아 왕의 盛裝(前7세기) 영국·대영박물관 앗시리아시대의 전성기에 아쉬르바니팔Ashurbanipal 2세의 立像. 한 장의 卷衣를 잘라 두 단으로 입고 있다. 왼손에는 단검을 잡고 머리와 발에는 아무것도 착용하지 않았다.

〈그림 II-82〉 사르곤왕 King Sargon의 從者(前7세기) 프랑스·루부르박물관 신바빌로니아시대의 왕과 종자의 복장을 표현한 像으로 앗시리아 복장과 비슷한 卷衣를 길게 입고, 단검을 의복에 찔러 차고 있는데 밴드band는 두르지 않았다. 머리에는 아무것도 쓰지 않고 발도 맨발이다.

이 시대가 되면, 구 바빌로니아 시대부터 이어진 숄 형태의 권의에 섬세한 문양이나 자수, 緣연 등이 장식되며, 여자의 복장에도 남자와 다른 요소가 보이게 되는데, 가장 큰 특징은, 권의 형식으로부터 여유 있는 튜닉 양식으로의 이행이 보이는 것이다. 이상의 고대 서아시아의 복장을 정리하면, 대체로 표 II-2와 같다.

〈표 II-2〉
고대 서아시아
기본 복장

| 시대 | 수메르 | 앗카도 | 바빌로니아 | 히타이트 | 앗시리아 |
|---|---|---|---|---|---|
| 상의 | | Mantle맨틀,<br>肩掛衣견괘의 | 卷衣권의,<br>肩掛衣견괘의 | | 卷衣권의,<br>寬衣관의,<br>Blouse블라우스 |
| 하의 | Kaunakes카우나케스,<br>가죽Skirt스커트 | Kaunakes카우나케스,<br>가죽Skirt스커트 | Kaunakes카우나케스,<br>가죽Skirt스커트 | 짧은 Skirt스커트,<br>腰卷衣요권의 | Skirt스커트,<br>腰布요포,<br>Hip-cover힙커버 |
| 기타 | | Gudea구데아모,<br>卷頭帶권두대 | Helmet헬멧모,<br>샌들화 | Helmet헬멧모,<br>우각모 | Helmet헬멧모,<br>두식Band밴드 |

## 고대 페르시아 · 고대 인도의 복장

페르시아인은 원래 남러시아에서 유목생활을 하고 있었던 아리아계 인종이었으며, 후술하는 스키타이족과 같이, 기마민족의 전통적 습속을 계승하고 있었으며, 기원전 6세기경 Medea메데아와 Kardea카루데아의 원래 있던 왕국을 멸망시키고, 이란 고원에 아케메네스왕조 페르시아를 건국하였다.

아케메네스조의 복장은 오히려 앗시리아 시대의 전통을 계승한 것이지만, 이즈음에 옷자락이 긴 헐렁한 바지가 나타나게 된다(그림 II-83). 바지의 착용은 남자만이 아니라, 왕비의 차림이 보이는 조상도 남아 있다. 그리스인이나 로마인은 바지를 북방야만인들의 풍속으로 경멸했으나, 고대 페르시아의 궁정에서는 거부감 없이 착용하였다. 또, 신발은 서민이나 노예는 사용하지 않았으나 상류계급은 가죽 샌들과 바닥이 낮은 革靴혁화를 사용했다. 또, 그림 II-84의 무인 행렬벽화에 보이는 것처럼 궁정의 무관들의 복장에는 黃황, 綠녹, 靑녹청, 橙등, 金色금색 등으로 기하학 문양과 식물 문양의 호화로운 자수를 놓은 코트형의 Candys칸디스가 착용되었다.

고대 페르시아의 복식을 대체로 다음과 같이 4종류로 분류할 수 있다. 첫

〈그림 II-83〉 사미신전의 귀인상(1세기)

〈그림 II-84〉 무인행렬 채색 벽화(前5세기) 프랑스·루브르박물관　아케메네스 페르시아 왕조의 수도 스사(Susa)궁전 벽화의 일부이다. 무인 행렬을 그린 채색 벽화로서 메디아풍Media風의 卷衣의 표면에는 花弁, 鋸齒, 二重圓 등의 문양이 자수로 장식되었고, 금장식을 한 長槍을 잡고 어깨에 箙(화살통)을 등 뒤에 맨 궁정호위관을 표현하고 있다.

째, 寬衣型<sup>관의형</sup>이며, 앗시리아 시대이후 튜닉형의 원피스로, 옷자락의 길이는 길거나 짧은 여러 종류가 있고, 소매는 통수이다. 둘째, 外袍型<sup>외포형</sup>으로 2장의 옷감을 봉제하여 머리부터 덮은 그리스의 키톤양식과 닮은 것, 셋째, 卷衣型<sup>권의형</sup>으로, 한 폭의 장방형의 옷감을 半身<sup>반신</sup>에 감아 입는 드레이퍼리식의 것(그림 II-85), 넷째, 외의형으로 寬衣<sup>관의</sup> 위에 덮는 짧은 자켓식, 또는 큰 깃이 붙은 오버코트 모양의 것 등이 있다.

기원전 4세기 중반경, 그리스의 알렉산더 대왕이 페르시아를 원정해서 Akemenes朝<sup>아케메네스조</sup>를 무너뜨리고 북인도에까지 군사를 전진시켰으나, 인도, 현재 파키스탄 인더스강 유역의 Mohenjo-daro<sup>모헨조다로</sup>와 Harappa<sup>하라파</sup>에는 기원전 3000년경부터 고대 도시국가가 존재하여, 빛나는 인더스문명이 발전하고 있었다.

그림 II-86은 모헨조다로에서 발견된 수염 있는 남자의 반신상으로 어깨에 삼엽문으로 장식된 옷을 걸쳐 입고 머리밴드를 하고 있는데, 용모는 수메르인과 유사하고 그 복장도 수메르식이기 때문에, 인더스문명과 수메르문명 사이에 어떠한 관계가 있었다는 것도 추론할 수 있다.

한편, 그림 II-87에서 모헨죠다로 출토품인 브론즈의 춤추는 사람을 보면, 그 용모는 Arya^아리아 인종이 아니라 인도의 선주민족인 Dravida^드라비다족이 아니냐는 설도 있는데, 전라로 팔찌와 가슴 장식만이 유일한 복식품이다. 이와 같은 고대 인더스문명은 아리아인의 침입으로 인하여 멸망하게 되는데 알렉산더의 진주시대에는 Maurya^마우리아가 번영하고 있었다. 그림 II-88 · 89은 그 시대의 힌두교의 신상조각인데, 남녀 복장에 아열대 인도의 특징이 잘 표현되고 있다.

〈그림 II-87〉 踊子像(B.C. 3000) 파키스탄 · 모헨죠다로Mohenjodaro 출토  인더스문명의 발생지인 모헨죠다로에서 출토된 브론즈의 무용수. 용모는 원주민인 드라비다족Dravida族과 같고, 의복은 아무것도 걸치지 않았으며, 다만 왼쪽 팔 전체와 오른쪽 팔 일부분에 팔찌와 꽃 문양의 목걸이가 유일한 복식품이다.

〈그림 II-88〉 야쿠시니 Yakushini · 彫像(前3세기) 인도 · Patna박물관  아쇼카왕의 수도 파트나Patna에서 가까운 데달칸죠デーダルカンジュ에서 발견된 묘석에 조각된 힌두교 여신, 야쿠시니Yakushini像, 상반신은 의복을 걸치지 않았고 두식과 수식뿐으로 유방을 강조하였다. 하반신에는 얇은 腰布를 입고 금속제 腰帶를 하고 커다란 금속제 環을 걸고 있다. 손에 잡고 있는 것은 커다란 佛子이다.

〈그림 II-89〉 守門神像(前2세기) 인도 · 피탈코라 Pitalkhora 석상  유명한 엘로라Elora사원 근처의 피탈코라Pitalkhora 석굴에 조각된 수문신상이다. 얇은 상의와 발에 걸친 腰布에 나뭇잎 형태의 革片을 붙인 腰帶를 매고 오른쪽 어깨에는 ×자형 끈을 걸쳤다. 화살이 든 단검을 차고 왼손에는 방패를 든 위병의 자세를 보여준다.

| 그림 II-87 | 그림 II-88 | 그림 II-89 |

알렉산더의 아시아 침략의 결과, 중앙아시아에는 그리스인에 의해 Bactria^박트리아 왕국이 생기고, 서아시아에는 Parthia^파르티아 왕조가 세워졌다. 그림 II-90의 황금제인 月桂冠^월계관은 파르티아 시대의 것으로, 그리스 · 헬레니즘 문화의 영향이 짙게 남아 있다.

〈그림 II-90〉 파르티아 월계관(2세기) 이란 · 우르카 Urk 출토  순금으로 만든 파르티아시대 월계관인 머리 장식품이다. 헬레니즘의 영향이 강하고 그리스계의 장인에 의하여 만들어진 작품일지도 모른다.

## 유목기마민족의 복식

　　남러시아의 Don돈 강과 Danube다뉴브 양 강의 부근부터 알타이산맥의 언덕지대를 지나 몽고 고원에 이르는 벨트형의 내륙 아시아의 초원지대에서 종종 동물 문양을 정교하게 조각한 금, 은 청동 등의 금속기가 발견되었는데, 고고학자는 이를 스키타이식이라고 부르고 있다.

　　이 초원의 길은 '스텝의 길'이라고도 불리는데, 고대부터 유라시아 대륙을 동서로 이동하던 유목기마민족의 활동무대였다. 당시 동아시아의 몽고 고원에는 匈奴흉노라 불리는 기마민족국가가 있었다.

　　기원전 1000년경에 이르러 남 러시아의 스키타이족은 때때로 남하하여 그리스의 도시국가나 서아시아의 농경민을 습격하여 약탈을 일삼기도 하였다. 같은 시기에 Ob오브 강의 상류 알타이 산지에도 스키타이와 비슷한 무리가 날뛰고 있었는데, 그들의 민족적 계통은 잘 알 수 없다. 河北하북평원에 침입하여 한민족을 괴롭힌 흉노의 민족 계통도 확실하지는 않으나 터키계나 몽고계 중 하나일 것이 틀림없다. 漢한의 왕실이 자주 흉노에 錦繡금수 등의 고급 견직물을 보내면서 그들을 회유했던 것은 『사기』나 『한서』에 상세히 기록되어있다.

<그림 II-91> 스키타이의 항아리(前 4세기) 소련·에미타즈박물관　남 러시아 스키타이고분에서 출토된 은제 항아리. 표면에 스키타이인 부부의 浮彫가 있고 복장은 모두 筒袖의 단상의와 바지, 혁대, 가죽장화로 호복양식인 유목민족 특유의 복장을 보여준다.

　　스키타이 복장은 남 러시아에서 발견된 은제의 항아리(그림 II-91)의 조각이나 스키타이 머리빗 장식(그림 II-92) 등에서 보면, 짧은 통수의 상의를 우임으로 착용하고 혁대를 매고, 가죽 모자에 가죽 반장화를 신은 기마

민족 특유의 복장이었다는 것을 알 수 있다. 또, 그들이 만든 帶鉤<sup>대구</sup>나 융단의 문양에 나타나는 형태는 동물 문양이 가장 많고, 그러한 장식품의 소재로는 황금이 가장 귀중하게 여겨졌다(그림 II-93).

소련 영토인 알타이 산지 Pazyryk<sup>파지리크</sup> 고분군에서 발견된 천막용 펠트(그림 II-94)나 융단(그림 II-95), 말의 안장 등에서 짧은 Rubashka<sup>루바슈카</sup>형의 상의와 바지, 어깨걸이의 복장이나 동물 문양이 나타나고 있다. 이와 관련하여 Altai<sup>알타이</sup>란 터키어, 몽고어로 금을 의미하는데, 그 부근은 사금이 많이 산출되는 곳이었다.

스키타이인들과 같은 유목민족의 기록들로는 헤로도토스의 『歷史<sup>역사</sup>』 등이 가장 오래되었으나, 중앙아시아의 상세한 기록은 前漢<sup>전한</sup>의 무장 張騫<sup>장건</sup>의 여행보고를 기초로 한 사마천의 『사기』 흉노전, 大宛傳<sup>대완전</sup>이 가장 오래된 기록이다. 이 당시에 중앙아시아에는 파르티아, 박트리아, 大月氏<sup>대월씨</sup>, 烏孫<sup>오손</sup>, 호탄 등의 오아시스 국가들이 있었고, 그 습속은 유목기마민족에 가까운 것이었다.

〈그림 II-94〉 루바시카 rubashka의 기사(前 5세기) 소련 알타이고분 출토  알타이 山麓 파지리크Pazyryk 고분에서 출토된 천막용 펠트의 일부이다. 루바시카 형태의 짧은 水色上衣에 녹색바지를 입은 기마병사가 묘사되어 있고, 구렛나루의 인물은 이란계로 水玉模樣의 스카프를 휘날리는 모습은 모던한 차림이다.

〈그림 II-95〉 馴鹿絨緞 (前5세기) 소련·알타이고분 출토  같은 파지리크고분에서 출토된 모직물로 순록과 기마인물, 꽃모양 등을 섬세하게 직조한 융단이다. 페르시아 양식의 영향을 받은 것이 농후하며, 알타이의 스카타이인이 페르시아제 생산품을 교역품으로서 입수한 것으로 보인다.

| 그림<br>II-94 | 그림<br>II-95 |
|---|---|
| 그림<br>II-96 | 그림<br>II-97 |

〈그림 II-96〉 옥서스Oxus 의 팔찌(前5세기) 영국·영국박물관  소련 투르키스탄Turkistan의 아무강Amu River 유역에서 발견된 옥서스의 보물이다. 괴수 그리폰이 투조로 장식된 황금제의 팔찌로 아케메네스 페르시아에서 제작된 것으로 생각된다. 옥서스는 아므시르Amusyr 강변에 위치한 지대로 전 5세기에는 스카타이 사르마타이Scythia Sarmatia 등 유목민족이 활약한 지역이다.

〈그림 II-97〉 동물 문양의 안장(前5세기) 소련·에르미타즈박물관  타지리크 고분에서 출토된 것으로 괴수 그리폰과 산양 문양이 있는 펠트로 만든 안장으로 녹색과 주색의 마모馬毛로 만들어진 드림장식이 있다. 그리폰은 페르시아의 문양에 흔히 보이는 날개 달린 동물이다.

그림 II-96은 서투르키스탄의 Oxus옥서스 강 근처에서 발견된 옥서스 유적의 황금보물팔찌인데, 그 기법은 스카타이의 머리빗 등과 공통점이 있으나, 날짐승의 조각 등에서는 페르시아 예술의 영향이 보인다(그림 II-97).

그림 II-98 · 99 · 100 · 101은 모두 몽고의 노인 · 우라 흉노왕 묘에서 출토된 것으로 전에 나온 그림 II-24 · 25, II-62 · 63의 유물과 함께 흉노의 복식생활을 보여주는 귀중한 자료이다. 이러한 유품들에서 동아시아 기마민족의 복식을 추정해 보면 반드시 스키타이인들과 동일하지는 않다. 스키타이가 그리스나 페르시아의 농경민족에 기생하며 생활을 유지하였듯이, 흉노는 중국 농경민족에 기생하면서 그 존재를 보전하였다. 그 배후에 있는 서아시아와 동아시아의 문명사회의 기반의 차이가 각각의 유목기마민족의 생활체계의 차이로 나타난 것이다. 그러나 유목민족 사이의 교류도 활발하게 이루어지고 있었기 때문에, 유목문화로서의 공통점을 간과할 수는 없다. 특히 장식 문양에 있어서 그러한 공통점이 현저한데, 그림 II-100과 같이 모직 깔개에도 순록이 싸우는 문양이 직조되어 있다.

<그림 Ⅱ-101> 흉노인의 변발

몽고 고원의 흉노 주변의 동쪽에는 鮮卑<sup>선비</sup>나 부여같은 半牧半獵<sup>반목반렵</sup>의 민족이 살고 있었는데, 그들의 복장도 흉노와 같은 계통의 胡服<sup>호복</sup> 양식을 기본으로 하고 있다.

이와 같은 유목기마민족 문화의 동쪽 끝이 연해주에서 한반도에까지 이르고 있는 것은, 평양부근의 낙랑유적에서 발견된 황금제 대구나 나중에 언급할 고구려의 복장이 그 점을 증명하고 있다.

그리고 이들 유목민족은 항상 농경민족에 기생하며 살아간다는 것이 숙명이었기 때문에, 때때로 침입약탈이라는 방식으로 농경민족에게서 생활물자를 획득하기도 하고, 때때로는 교역이라는 방식으로 물자를 교환하였다.

그림 Ⅱ-102 · 103은, 전국시대 및 한대의 묘에서 출토된 胡人<sup>호인</sup> 상인으로, 호인들 중에는 漢人<sup>한인</sup>귀족을 섬기는 傭兵<sup>용병</sup>, 馬夫<sup>마부</sup>, 잡역 등에 종사한 사람도 적지 않았음을 말해주고 있다.

<그림 Ⅱ-102> 호인좌상 (전국)

<그림 Ⅱ-103> 호인명기

| 그림 Ⅱ-102 | 그림 Ⅱ-103 |
|---|---|

# 제3장
## 동양 중세의 복식

# 1. 魏晋南北朝위진남북조 시대의 복식

## 중국 중세의 특질

중국사의 시대 구분에 대해서는 여러 가지 학설이 있다. 그중에서 後漢후한의 멸망(220)으로부터 삼국의 분열, 위·진·남북조시대를 거쳐 隋수, 唐당으로부터 五代初오대초(907)까지를 중세라고 하는 설이 지배적이다. 이에 따라 당시 동양중세의 특징은, 첫째로 동아시아의 민족 대이동을 들 수 있다. 같은 시기 유럽에서도 훈족의 침입에 의한 게르만의 민족 대이동이 있었고, 그때문에 고대 로마제국은 동서로 분열되어, 유럽의 중세가 개막되었다.

그 보다도 한 세기 반 일찍 동아시아에서는 북방 유목민족의 침입에 의하여 漢帝國한제국이 붕괴되고 漢한민족은 쫓겨나 楊子江양자강유역으로 남하하여 南朝남조를 건국하고, 華北화북에는 北方胡族북방호족에 의한 北朝북조가 성립되었다. 표 Ⅲ-1에서도 보이듯이, 이 같은 분열과 대립의 시대는 수나라의

〈표 Ⅲ-1〉 중세 참고년표

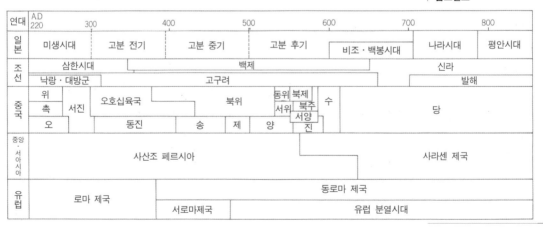

| 연대 | AD 220 | | 300 | | 400 | | 500 | | 600 | | 700 | | 800 |
|---|---|---|---|---|---|---|---|---|---|---|---|---|---|
| 일본 | 미생시대 | | 고분 전기 | | 고분 중기 | | 고분 후기 | | 비조·백봉시대 | | 나라시대 | | 평안시대 |
| 조선 | 삼한시대 | | | 백제 | | | | | | | 신라 | | |
| | 낙랑·대방군 | | | 고구려 | | | | | | | 발해 | | |
| 중국 | 위 / 촉 / 오 | 서진 | 오호십육국 / 동진 | | 북위 / 송 | 제 | 양 | 동위 / 서위 / 진 | 북제 / 북주 / 서양 | 수 | | 당 | |
| 중앙·서아시아 | 사산조 페르시아 | | | | | | | | 사라센 제국 | | | | |
| 유럽 | 로마 제국 | | | 서로마제국 | | | 동로마 제국 | | | | | | |
| | | | | | | | 유럽 분열시대 | | | | | | |

통일까지 약 400년간 계속되었다. 이 결과, 黃河황하유역에서 번성하였던 전통의 한민족 문화는, 양자강 유역의 吳오·楚초의 남방문화와 결합하여 새로운 江南文化강남문화가 형성되고, 소위 六朝육조문화의 꽃이 핀다. 이것이 두 번째 중국 중세의 특징이다.

또한, 중국 중세 문화의 특질 중 세 번째는, 세계제국의 출현이다. 당시 아리아민족에 의해 구축된 페르시아와 인도의 고대 문명은 사산조와 굽타조에 의하여 계승되어 그 전성기를 자랑하고 있었고, 동로마의 비잔틴제국도 중동 일대로부터 유럽 일대에 패권을 장악하고 있었던 시대였다.

중국의 남북을 통일하고, 게다가 주변의 異民族이민족을 지배 하에 두었던 수와 당제국의 출현에 의하여, 유럽 기독교 문명과, 페르시아와 인도의 세계 3대 문명이, 南北朝남북조의 대립을 배경으로 새롭게 단장한 중국 문명과 결합하여, 수·당이라는 세계제국이 완전히 성립되었다. 당나라의 수도 長安장안에는 紅毛碧眼홍모벽안의 이민족들이 넘쳐났다고 전해지는데, 당시의 장안은 세계 최대의 문화도시로, 세계 상인들의 집합장소였다. 오늘날 일본의 正倉院정창원이 세계적 미술의 보고라고 하지만, 그야말로 전성기의 당대 문화의 작은 모형에 지나지 않는다.

유럽의 중세는 흔히 암흑기라고 하지만, 중국의 중세는 戰禍전화에 세월을 보낸 위·진·남북조시대에도, 훌륭한 육조 문화의 꽃이 피었고 수·당의 통일시대는 매우 밝고 개방적이어서, 세계의 모든 문화를 흡수하고 또한 확산시킨 시대로, 복식문화에 있어서도 그것은 다르지 않았다.


### 삼국시대와 『魏志倭人伝위지왜인전』


3세기의 중국은 소설 『삼국지』로 알려진 魏위·蜀촉·吳오 3국의 분열시대로, 한때 西晋서진에 의해 통일되었으나, 여전히 황하문명의 흐름을 계승한 漢한 민족 중심의 문화가 지배적이었다. 당시 일본은 彌生야요이시대의 말기에 해당하고, 『위지 왜인전』(그림 Ⅲ-1)에 전하는 邪馬台國사마태국의 시대였다. 『왜인전』에도 기록된 것처럼, 그 무렵 일본과 중국과의 교류는 조선에 있던 魏위의 식민지 帶方郡대방군을 통하여 상당히 빈번하게 행해지고 있었고, 여왕 卑弥呼히미꼬는 魏위의 황제에게 '親魏倭王친위왜왕'의 칭호를 받아, 金印紫綬금인자수를 비롯해서 絳地交龍錦강지교용금, 綾地縐粟罽능지추속계, 細班華罽세반화계, 白絹백견 등의 고급 견직물이나 모직물을 선사 받았고, 일본으로부터는 남녀 노예, 眞珠진주, 班布반포, 異文雅錦이문아금 등이 헌상되었다.

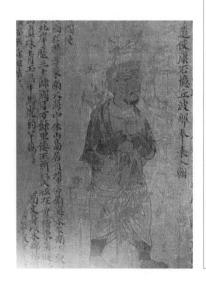

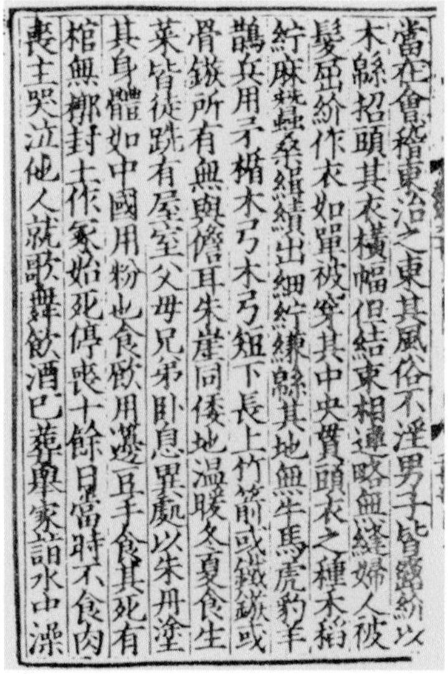
當在會稽東治之東其風俗不淫男子皆露紒以
木緜招頭其衣橫幅但結束相連略無縫婦人被
髮屈紒作衣如單被穿其中央貫頭衣之種禾稻
紵麻蠶桑緝績出細紵縑緜其地無牛馬虎豹羊
鵲兵用矛楯木弓木弓短下長上竹箭或鐵鏃或
骨鏃所有無與儋耳朱崖同倭地溫暖冬夏食生
菜皆徒跣有屋室父母兄弟臥息異處以朱丹塗
其身體如中國用粉也食飲用籩豆手食其死有
棺無槨封土作冢始死停喪十餘日當時不食肉
喪主哭泣他人就歌舞飲酒已葬舉家詣水中澡

〈그림 Ⅲ-1〉 위지왜인전

그림 Ⅲ-2는 梁양의 元帝원제가 그렸다고 전해지는 「職貢圖卷직공도권」에 묘사된 倭왜국의 사절로, 회화에서 나타난 일본인의 최초 모습이다. 3세기 말 魏위나라에 조공을 하기 위하여 내도한 일본사신으로, 『왜인전』(그림 Ⅲ-1)을 참고하여 그린 것이므로 왜국의 大使대사 수준의 복장으로는 그다지 신용할 수는 없다. 같은 「직공도권」에 묘사되어 있는 백제사절(그림 Ⅲ-3)과 서역제국의

〈그림 Ⅲ-2〉 왜국의 사절단(職貢圖卷) 영국 · 대영박물관 초당의 화가 閻立本의 작품이라고 전해지는 '직공도권'에 묘사된 위진시대의 사절이다. 魏志倭人傳의 '貫頭橫幅'의 기사를 참고한 것으로 생각되나 당시 왜사절의 복장으로는 조악하다.

| 그림<br>III-3 | 그림<br>III-4 |
|---|---|

〈그림 III-3〉 직공도에 보이는 백제사절

〈그림 III-4〉 직공도의 서역제국사절

조공사신들의 복장(그림 III-4)의 훌륭한 모습과 비교하면, 왜의 사신의 복장은 정말로 변변치 않게 묘사되어 있는데, 당시의 왜에 대한 중국인의 인식은 그 정도였을지도 모른다.

　또한 『왜인전』에는 왜국의 위치에 대해서 "그 위치를 헤아리니 바로 會稽<sup>회계</sup>, 東冶<sup>동야</sup>의 동쪽에 있다."라고 하였지만, 회계는 오늘의 浙江<sup>석강</sup>·江蘇<sup>강소</sup> 일대를 말하고, 東冶<sup>동야</sup>는 福建省<sup>복건성</sup>이므로 3세기에는 오나라의 영토였다. 吳<sup>오</sup>나라와 일본과의 교류에 대해서 『日本書紀<sup>일본서기</sup>』 応仁紀<sup>응인기</sup> 33年<sup>년</sup>에는 "2월, 阿知使主<sup>아지사주</sup>를 오나라에 보내어 縫工女<sup>봉공녀</sup>를 요구하였다."라고 있어서, 3세기 즈음의 일본에는 벼농사와 양잠, 견직의 중국강남의 문화가 오나라를 통하여 상당한 유입이 있었던 것으로 생각된다.

　西晋<sup>서진</sup>이 통일한 뒤에도 일본과 진나라와의 교류는 행해졌는데, 4세기에 이르러 화북일대는 북방유목민족에게 점령되어 한민족은 남방으로 달아나 東晋<sup>동진</sup>을 건국하였다. 일본은 바로 이 동진과 국교를 맺고 그 후 수나라가 통일하기까지, 주로 남조의 宋<sup>송</sup>, 齊<sup>제</sup>, 梁<sup>양</sup>, 陳<sup>진</sup>과 교섭을 가졌다. 덧붙여 말하자면 六朝<sup>육조</sup>라 하는 것은 오, 동진, 송, 제, 양, 진의 남조로 한민족왕조를 가리키고, 그 시대를 한민족은 육조시대라고 칭하였다.

## 南朝남조의 복장

남조의 복장은 기본적으로 한대의 복제를 답습하고 있었는데, 전통적인 중국양식 중에 북방민족의 胡俗호속의 영향이 나타나게 되었다. 예를 들면, 한대 이전의 귀족은 공식적인 자리에서는 꼭 관을 썼으나, 육조 때에 이르러 그 이전까지 관의 안쪽에 착용하던 幘책을 공식적인 예장의 경우에도 사용하게 되었고, 또한 纓영을 달지 않은 모자가 귀천을 가리지 않고 평상복에 사용되었다. 관모는 弁변의 네 귀퉁이가 없는 것으로 帢갑 또는 帽두라고 불린 것으로 모두 모자의 종류이다. 남조의 송, 제 때에는 천자는 보통 白高帽백고모라는 모자를 썼고, 황태자도 얇은 백견으로 만든 白紗帽백사모를 착용하였다.

원래 백색은 하층서민의 옷의 색깔이었으므로 白幘백책, 白巾백건은 오로지 서민에게만 사용되었는데, 南朝남조대에는 신분의 상하에 관계없이 백모가 유행하였다. 또한 당시의 모자의 한 종류로, 정수리가 높은 백사모의 아래쪽으로 밑단을 드리워지게 하고, 착용할 때에는 이를 접어서 올려 정수리를 덮는 식의 高頂帽고정모도 유행하였고, 백모 함께 白衣백의도 육조의 귀족사회에서 유행하였다. 남조 송대에 諸王제왕이 궁중에서 천자를 배알하는 때에도 白帽백모와 白衣백의가 허락되었다. 이러한 백의의 유행은 수·당나라 때까지 계속되고, 중국 중세복식에 나타난 특색의 하나가 되었다.

그림 Ⅲ-5는 당나라의 화가 閻立本염립본이 그린, 陳진나라의 文帝문제

〈그림 Ⅲ-5〉 陳 文帝의 白帢과 白袍 착용 그림

가 거실에 있을 때의 복장을 보여주고 있는데, 흰 바탕에 흑색 緣<sup>연</sup>이 둘러진 袍<sup>포</sup>를 입고 白帢<sup>백갑</sup>을 쓴 모습이 보인다.

일반적으로 남조시대의 복식제도는 祭服<sup>제복</sup>의 12장제도가 완화되어, 신분을 넘어서 상위의 문장을 사용하는 것이 유행하였고, 冕旒<sup>면류</sup>에 이용하는 백옥이 진주로 바뀌었다. 여자복장은 제비꼬리와 같이 옷자락을 길게 해서 (그림 III-6) 걸을 때 옷자락이 나부끼고, 금과 은사를 더한 자수 문양도 더해져서 화려하고 아름다운 모습이 유행하였다. 『歷代帝王図卷<sup>역대제왕도권</sup>』에 梁武帝<sup>양무제</sup>의 초상화를 보면 通天冠<sup>통천관</sup>에 黃袍<sup>황포</sup>, 紅裳<sup>홍상</sup>의 朝服<sup>조복</sup>을 착용하고 있다. 같은 『제왕도권』의 陳宣帝<sup>진선제</sup>의 초상화에는 天子<sup>천자</sup>는 흑색의 袍<sup>포</sup>에 幞頭<sup>복두</sup>를 쓰고, 從者<sup>종자</sup>는 朱袍<sup>주포</sup>와 白袍<sup>백포</sup>에 進賢冠<sup>진현관</sup>으로 보이는 관을 쓰고 있는 모습이 보인다.(그림 III-7 · 8)

〈그림 III-6〉 남조의 여자 (여자잠권도)

〈그림 III-7〉 梁武帝(帝王圖卷) 미국 · 보스턴미술관 염립본의 원화 '歷代帝王圖卷'에 보인다. 양무제(502-549)가 조복을 착용한 초상화로 通天冠, 황포, 주상을 입고 忽을 들었다. 흑색 선을 두른 백색 中衣를 입었다.

〈그림 III-8〉 陳宣帝(제왕도권) 미국 · 보스턴미술관 제왕도권 가운데에 진의 선제(569-582) 출행시의 초상, 幞頭를 쓰고 黑色袍를 입었으며 시종은 복두에 朱袍 혹 백색포를 입었다.

| 그림<br>III-6 | 그림<br>III-7 | 그림<br>III-8 |
|---|---|---|

남조시대의 상류 부인의 복장을 가장 잘 전하고 있는 자료로 東晉<sup>동진</sup>시대의 화가, 顧愷之<sup>고개지</sup>가 그린 「女子箴図卷<sup>여자잠도권</sup> – 여자가 항상 가져야 하는 마음가짐을 그린 두루마리 그림」이 현재 런던의 영국박물관에 소장되어 있다. 그림 Ⅲ-9는 아침에 머리를 손질하는 것을 그린 것으로 길게 끌리는 裳<sup>상</sup>, 大袖袍<sup>대수포</sup>, 朱色<sup>주색</sup>의 裙<sup>군</sup>, 大帶<sup>대대</sup>, 大髻<sup>대계</sup>, 화려한 비녀 등 六朝<sup>육조</sup>시대의 풍속을 잘 전하고 있다. 그림 Ⅲ-10도 같은 「여자잠도권」에 그려진 귀족의 가정생활을 표현한 것이다. 당시의 부인의 하의로는 布裙<sup>포군</sup> 또는 練裙<sup>연군</sup>이라고 불리는 內裳<sup>내상</sup>이 있었고 裙<sup>군</sup>의 끝자락을 위에 입는 裳<sup>상</sup>보다도 길게 입는 멋진 착용 양식이 유행하였다.

| 그림 Ⅲ-9 | 그림 Ⅲ-10 |

〈그림 Ⅲ-9〉 아침화장도 (여자잠도권) 영국 · 영국박물관 동진의 화가 顧愷之의 작으로 箴은 교훈이란 의미로 부녀자의 마음가짐을 묘사한 것. 아침단장그림의 거울에 비친 여성은 헐렁한 袍裳을 입고 領布를 걸치고, 뒤에서 빗질하는 여성은 白裳에 朱色소매의 短襦와 白短裙의 차림이다.

〈그림 Ⅲ-10〉 一家團樂圖 (女子箴圖卷) 영국 · 영국박물관 같은 '여자잠도권'의 귀족가정 풍경을 묘사한 것으로 弁을 쓴 주인공 주변에는 처, 첩, 시녀, 자녀들이 함께 한때를 즐기고 있다. 6조시대의 풍속을 잘 묘사하였다.

남조의 귀족사회에서는 屐<sup>극</sup>이라고 칭하는 일종의 나막신이 크게 유행하였다. 극은 일반민중이 주로 이용하여 오던 것으로, 상류사회에서 신는 것은 아니었으나, 남방의 생활에는 나막신이 더 편리하였을 수도 있다. 東晉<sup>동진</sup>의

顔之推<sup>안지추</sup>가 쓴 『顔氏家訓<sup>안씨가훈</sup>』은 육조의 풍속을 기록한 귀중한 문헌인데, 이에 의하면 남조의 사대부는 모두 넉넉하게 여유가 있는 袍<sup>포</sup>에 布帶<sup>포대</sup>를 매고 높은 나막신을 신은 단정하지 못한 복장이었다고 한탄하고 있다.

이상과 같이 남조의 복장에서 보이는 특징은 표면적으로는 복장의 계급성이 없어진 것 같이 보이지만 실은 江南<sup>강남</sup>귀족의 퇴폐적인 옷차림에 지나지 않았다고 말할 수 있다.


### 北朝<sup>북조</sup>의 복장

서진이 멸망하자 화북에서는 5호 16국의 흥망이 반복되었는데 398년 鮮卑<sup>선비</sup>계의 일족이 淮河<sup>회하</sup> 이북을 통일하여 北魏<sup>북위</sup>를 건국하였다. 선비족의 의복은 원래 胡服<sup>호복</sup>이었는데 孝文帝<sup>효문제(471-499)</sup>는 조복에 중국식 복제를 채용하고 五時<sup>오시</sup>의 복색을 정하고 袴褶<sup>고습</sup>을 평상복 및 軍服<sup>군복</sup>으로 정하였다. 특히 緋色袍<sup>비색포</sup>나 금으로 장식한 혁대가 귀하게 여겨지어 천자의 金帶<sup>금대</sup>에는 13개의 金環<sup>금환</sup>이 달려 있었다. 관모 종류는 남조시대와 같은 幞頭<sup>복두</sup>나 紗帽<sup>사모</sup>도 착용하였는데 모자 양옆에 방한을 위한 귀가리개가 달린 突騎帽<sup>돌기모</sup>나 帷帽<sup>유모</sup>도 유행하였다.

북조의 여자도 裙<sup>군</sup>이나 襖<sup>오</sup>라고 하는 상의를 착용하였는데 일반적으로는 좁은 소매의 활동적인 의복이 선호되었다. 그러나 북위의 초기에는 일부러 부인의 胡服<sup>호복</sup>을 금하여 漢<sup>한</sup>식의 복장으로 바꾸는 것을 장려하였는데 漢<sup>한</sup>문화에 대한 동경 때문일 것이다. 북위도 중기이후는 의복의 화려함을 금하고 의복에 이용하는 포백의 양을 제한하여 왕공 이하가 織成<sup>직성</sup>이나 繡<sup>수</sup>, 金玉<sup>금옥</sup>, 珠璣<sup>주기</sup> 등을 장식에 이용하는 것을 엄하게 금지하였고, 또 서민이나 노비가 견을 착용하는 것을 금지하였다.

북조의 천자나 황후의 公服<sup>공복</sup>도 후한시대의 복제를 계승하여 다소간 이를 간소화한 정도로 황제의 제복, 조복에는 平冕黑介幘<sup>평면흑개책</sup>, 通天博山冠<sup>통천박산관</sup>, 進賢五梁冠<sup>진현오량관</sup>, 武弁<sup>무변</sup> 및 白帢<sup>백갑</sup> 등이 있다. 황후의 제복, 조복에는 褘衣<sup>위의</sup>, 褕狄<sup>유적</sup>, 闕翟<sup>궐적</sup>, 鞠衣<sup>국의</sup>, 展衣<sup>전의</sup>, 褖衣<sup>단의</sup> 六服<sup>육복</sup>이 있었다. 또한 황후의 머리장식에는 假髮<sup>가발</sup>, 八爵<sup>팔작</sup> 九華<sup>구화</sup>, 十二鈿<sup>십이전</sup> 및 步搖<sup>보요</sup> 등이 있었는데 爵<sup>작</sup>, 華<sup>화</sup>, 鈿<sup>전</sup>은 모두 簪<sup>잠</sup>, 筓<sup>계</sup>의 종류이고 보요는 이들 두식품에 달린 수식으로 금이나 貴石<sup>귀석</sup>이 이용되었다. 선비족에게 이 보요는 고유의 복식품이기도 하였다.

북조의 복장을 전하는 벽화나 도용 등의 발굴품은 남조에 비하여 상당히 많다. 제2차 세계대전 후 발견된 甘肅省<sup>감숙성</sup> 新城縣<sup>신성현</sup>의 魏晉<sup>위진</sup>묘에 그려진 3세기경의 고분벽화에는 밀가루를 반죽하는 부인이나(그림 Ⅲ-11) 낙타를 끌고 가는 목자 등 변경에 사는 한나라 사람의 소박한 생활이 나타나고 있다.(그림 Ⅲ-12 · 13)

| 그림 Ⅲ-11 | 그림 |
|---|---|
| 그림 Ⅲ-12 | Ⅲ-13 |

〈그림 Ⅲ-11〉 노동하는 여성(魏晉時代) 甘肅省 · 위진묘벽화 감숙성의 嘉峪關과 酒泉의 중간 신성에서 발견된 위진(삼국, 서진시대의 묘의 塼壁에 묘사된 채색화의 일부이다. 단순한 선과 朱, 墨 색을 사용한 소박한 회화이나, 일반 서민의 일상생활을 묘사한 귀중한 풍속자료이다. 襦, 裙을 입은 부인이 앞치마를 걸치고 밀가루를 반죽하는 자세이다.

〈그림 Ⅲ-12〉 낙타를 끌고 가는 남재(위진시대) 감숙성 · 위진묘벽화 같은 新城 위진묘의 벽화로 牧者가 낙타를 끌고 가는 그림으로 서역에 가까운 반농반목사회의 풍속을 그린 것이다. 두건을 쓰고 短上衣에 바지를 입은 襦袴服裝이다. 용모는 호인의 얼굴이라기보다 중국 변방에 거주하는 한인의 농민생활을 보여주고 있다.

〈그림 Ⅲ-13〉 목판의 漆繪(南北朝) 山西省 · 大同 출토 대동현의 司馬 金龍 夫妻의 묘에서 출토된 목판에 그려진 칠그림이다. 내용은 한대의 고사에서 가져온 것으로 수레에 탄 주인공과 이를 메고 가는 4인의 시종과 관녀의 복장에서 漢六朝의 양식이 보인다.

〈그림 III-14〉 묘문에 그려진 위병(南北朝) 하남성·鄧縣 출토 등현에서 발견된 북조시대 묘의 묘문을 장식한 회화로 天女와 武士이 묘사되었다. 주색의 短袍에 胸富이 부착된 백색 帕을 쓰고 장대한 칼을 들고 있는 무인은 門衛를 담당하는 衛兵으로 보인다.

〈그림 III-15〉 북조의 무인

〈그림 III-16〉 樂人의 행렬(南北朝) 하남성·등현 출토 북조시대의 塼으로 만들어진 묘살벽화의 塼刻畵이다. 삼각형의 돌기모자를 쓰고 유고 복장을 한 악인 행렬에는, 깃발을 날리며 나팔을 불고 방울과 큰북을 든 악인들이 보인다.

또한 그림 III-14의 河南省<sup>하남성</sup> 鄧縣<sup>등현</sup>의 北朝<sup>북조</sup>묘의 묘문 아치에 그려진 장식화에서 그림 III-15와 같은 북조 무인의 복장을 볼 수 있다(그림 III-14). 그림 III-16은 같은 묘의 墓塼畵<sup>묘전화</sup>의 선각화는 악사들의 행렬로 모두 삼각모자를 쓰고 짧은 상의에 縛袴<sup>박고</sup>를 입고 있다. 그림 III-17은 북위의 화상석에 새겨져 있는 왼쪽의 문관과 오른쪽의 무관으로, 문관은 長袍<sup>장포</sup>, 무관은 袴褶<sup>고습</sup>을 착용하고 있다. 그림 III-18·19는 모두 북조의 무인을 나타낸 도용으로 북방민족답게 가죽으로 만든 모자나, 挂甲<sup>괘갑</sup> 모습을 볼 수 있다. 그림 III-20은 북조 말기의 北齊<sup>북제</sup>묘에서 출토된 채색된 도용으로 幅巾<sup>복건</sup>에 서역풍의 코트를 입은 주인공과 방패를 들은 호위병이다.

또 그림 Ⅲ-21은 북위 묘로부터 출토된 灰陶<sup>회도</sup>의 女官俑<sup>여관용</sup>으로 가슴을 넓게 편 상의와 허리를 높게 올려 입은 스커트에 당시 유행한 帷帽<sup>유모</sup>를 쓰고 있다. 그림 Ⅲ-22·23은 北齊<sup>북제</sup>묘로부터 출토된 궁정 시녀의 도용으로 스커트는 더욱 가슴 높이 올려 입고 거대한 머리모양이 눈에 띈다. 그림 Ⅲ-24는 북위 묘 출토의 도용으로 여자가 말을 탄 모습을 보여주고 있는데, 북조에서는 부인의 승마는 일반적이었고, 漢<sup>한</sup>민족 부인 사이에도 기마의 풍습이 유행하고 있었다.

그림 Ⅲ-25는 山西省<sup>산서성</sup> 大同<sup>대동</sup>의 北魏<sup>북위</sup> 묘에서 출토된 胡服<sup>호복</sup>, 胡帽<sup>호모</sup> 차림의 부인도용으로 녹색의 유약이 칠하여졌는데, 선비족을 표현한 것으로 보인다. 그림 Ⅲ-26도 북위 묘에서 출토된 白釉<sup>백유</sup>로 착색된 부인용이며, 호복에 장화의 모습은 역시 선비족을 표현한 것이다.

그림 Ⅲ-27·28은 모두 북조시대의 묘에서 출토된 이란, 소그드계 호인으로 펠트의 호모를 쓴 소년과 펠트로 만든 끝이 뾰족한 호모를 쓰고 있는 인물이 보인다. 또, 그림 Ⅲ-29는 채색된 도용으로 무희를 표현하였는데, 袖口<sup>수구</sup>가 대단히 넓은 무용복에 긴 스커트를 입고 있는 여성으로, 아마 胡姬<sup>호희</sup>를 표현하였을 것이다. 그림 Ⅲ-30은 목도리를 호모 위에 두른 土笛<sup>토적</sup>을 부는 호인 여성을 나타낸 것이다. 회도에 채색한 도용은 한나라 이전부터 존재하였는데 북조의 말기가 되면, 녹색이나 적색의 單彩釉<sup>단채유</sup>를 칠한 도기나 백색의 磁器<sup>자기</sup>를 만들게 되었고, 이것이 당시대에 접어들어 유명한 唐三彩<sup>당삼채</sup>로 발전하였다.

| 그림<br>Ⅲ-17 | 그림<br>Ⅲ-18 | 그림<br>Ⅲ-19 |
|---|---|---|
| 그림<br>Ⅲ-20 | 그림<br>Ⅲ-21 | |
| 그림<br>Ⅲ-22 | | |

| 그림<br>III-23 | 그림<br>III-24 | 그림<br>III-25 |
|---|---|---|
| 그림<br>III-26 | 그림<br>III-27 | 그림<br>III-28 |
| | 그림<br>III-29 | 그림<br>III-30 |

〈그림 III-23〉 색칠된 부인 도용(북제)

〈그림 III-24〉 색칠된 회도 기마악인(북위)

〈그림 III-25〉 녹유 여자용 (북위)

〈그림 III-26〉 백유 가채부 인(북위)

〈그림 III-27〉 소고드계 소 년(감숙성 麥石山土)

〈그림 III-28〉 소고드계 큰 코 호인(북조)

〈그림 III-29〉 호인의 무녀 (북조)

〈그림 III-30〉 토적을 부는 호인 여성(북조)

1) 고구려인이라고
최근 일반화 되었다.

이상과 같이 북위시대의 출토품은 상당히 풍부한데, 위·진·남북조시
대의 복장을 요약하면, 남조가 한민족의 전통적 복장을 주체로 하여 화려
하였던 것에 비해서, 북조는 선비계의 호복을 주체로 하여 일반적으로 검
소하였다. 또, 남조는 견을 중심으로 비단제품을 많이 썼는데, 북조의 의복
재료에는 가죽이나 삼베가 많았다. 그리고 남조의 장식재료로는 진주나 玳
瑁<sup>대모</sup> 등이 많은 것에 비하여, 북조에는 금, 은, 貴石<sup>귀석</sup>, 옥이 많이 사용되
었다. 이러한 차이는 華北<sup>화북</sup>과 江南<sup>강남</sup>의 풍토조건의 차이와 한민족왕조
와 북방민족 왕조와의 민족 전통의 차이에서 기인한 것이었다.

唐<sup>당</sup>대의 복제는 武德令<sup>무덕령</sup> 이후 자주 개정되었으며, 개정 시에는 그 종
류와 양식이 간소화되었다. 일본 奈良朝<sup>나라조</sup>의 의복령이 당의 복제를 따랐
던 것은 말할 나위가 없다(그림 Ⅲ-31·32). 그림 Ⅲ-33의 陜西省<sup>섬서성</sup> 西安<sup>서안</sup>
의 章懷太子<sup>장회태자</sup>묘의 채색 벽화에는 외국 사절의 접대 풍경이 그려져 있
는데, 오른쪽 세 사람은 당나라 측의 접대 역할을 담당한 인물로 국빈을 환
대할 때 입는 朱袍<sup>주포</sup>에 佩綬<sup>패수</sup>, 白紗冠<sup>백사관</sup>의 복장을 볼 수 있으며, 외국
사절 중에는 모자를 쓰지 않은 페르시아인과 鳥羽冠<sup>조우관</sup>과 袍衣<sup>포의</sup>를 입은
신라 사절<sup>1)</sup> 등이 보인다.

그림 Ⅲ-34는 신강의 Lop
Noir<sup>로프노르</sup> 부근에 土谷渾<sup>토</sup>
<sup>곡혼</sup>의 당나라 묘에 그려진
벽화로, 토곡혼은 靑海省<sup>청</sup>
<sup>해성</sup>에 두었던 당나라의 군
사 기지였으며, 死体<sup>사체</sup>를
처리하는 하급관리와 이를
지휘하고 있는 상급 관리
의 복장이 묘사되어 있다.

| 그림<br>Ⅲ-31 | 그림<br>Ⅲ-32 |
| --- | --- |

〈그림 Ⅲ-31〉唐 高祖(唐)
대만·고궁박물원 唐 초
대 高祖(618-626)의 조복
을 입고 있는 초상화이다.
관은 幞頭, 絳色袍에 금색
용이 자수되어 있고 金綠石
玉帶에 舃鞋를 신고 있다.

〈그림 Ⅲ-32〉唐 太宗(唐)
대만·고궁박물원 唐의 2
대 태종(627-649)의 朝服
을 입은 초상화이다. 관은
幞頭, 黃袍의 양어깨·가슴
·앞자락 및 등에 5개의 靑
龍의 자수가 놓였이고 금녹
색으로 장식한 朱色 옥대를
두르고 舃鞋를 신고 있다.

| 그림 III-33 | 그림 III-34 |

〈그림 III-33〉 외국사신 접대도(唐) 西安·章懷太子墓壁畫　陝西省 서안 장회태자묘에 그려진 벽화일부이다. 왼쪽 3인은 당나라 측의 접대인으로 漆紗冠, 朱袍, 佩綬 등 朝服을 입고, 외국사절 가운데 모자를 쓰지 않은 인물은 이란계 胡人으로 웃깃을 접은 胡服과 長靴를 신고 있다. 鳥羽冠을 쓴 인물은 신라 사신, 오른쪽 毛皮帽를 쓴 인물은 突厥國 사절이라 생각된다.

〈그림 III-34〉 西域城址의 벽화(唐) 신강·土峪渾城址壁畫　신강 위그르자치구 로부노루Rovnor 부근 토곡혼 성지에서 발견된 벽화. 2명의 남자가 시체를 운반하여 나오고 騎馬上役이 뒤에 따르고 있는데 복장은 모두 복두에 袴褶, 長靴 등 唐代 지방 役人들의 복장이다.

모두 幞頭<sup>복두</sup>에 袴褶<sup>고습</sup>, 가죽 장화를 착용하였고, 이는 당나라 지방 관리의 표준이 되는 복장이다.


당대 남자의 복식


　당대 남자 복장의 상징적인 것은 幞頭<sup>복두</sup>이다. 천자로부터 일반 서민에 이르기까지 즐겨 착용하였으며, 折上巾<sup>절상건</sup> 또는 四脚巾<sup>사각건</sup>이라고도 불렀다. 복두는 원래 두발의 흩어짐을 방지하기 위해서 머리를 감싸던 두건으로, 두건의 각 모서리에 네 가닥의 끈을 달아서 두 가닥은 후두부에서 묶고, 나머지 두 가닥은 턱 밑에서 연결하기도 하여, 머리 위에서 묶었다.

　그림 III-35는 당삼채는 당나라 문관의 모습으로 무릎길이의 袴褶<sup>고습</sup>에

〈그림 III-35〉 문관복장(당)

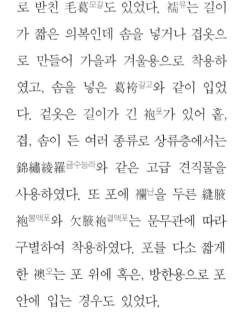

〈그림 III-36〉 唐服鷹匠(당)
섬서성 서안 · 장회태자묘
벽화 섬서성 乾縣에 묘장
된 장회태자의 8세기 초 벽
화의 일부로서 매사냥을 묘
사한 것. 매사냥군의 복장
은 머리에 복두를 쓰고 통
수 장포에 革帶를 매고 앞
코가 올라간 鞾를 신은 호
복 스타일이다. 매사냥 풍
속은 유목민족으로부터 전
해져온 것으로 남북조 시대
에 한인 귀족사회에 매우
유행하였다.

2) 매를 기르거나 길
들이는 사람.

반장화를 신고 머리에는 복두를 쓰고 있다. 그림 III
-36에 보이는 매부리는 사람2)은 약간 긴 고습을 착
용하고 머리에 쓴 관은 복두의 일종이다. 관리도 가
정에서 모자를 자주 썼으며, 계절에 따라 여름용의
등나무로 짠 席帽석모와, 겨울에는 방한용으로 사용
되는 펠트로 만든 氈帽전모, 모피로 만든 胡帽호모 등
이 있었다.

남자의 의복은 짧은 소매의 홑겹의 衫삼과 내복으
로 입는 汗衫한삼이 있고, 또 밑단을 보강하기 위해
장식단을 붙인 襴衫난삼도 있었다. 하층의 농민, 노동
자는 短葛단갈이라는 소매길이와 옷의 길이가 짧은
삼베옷이 있고 혹은 방한용으로는 토끼털과 들개털
로 받친 毛葛모갈도 있었다. 襦유는 길이
가 짧은 의복인데 솜을 넣거나 겹옷으
로 만들어 가을과 겨울용으로 착용하
였고, 솜을 넣은 葛袴갈고와 같이 입었
다. 겉옷은 길이가 긴 袍포가 있어 홑,
겹, 솜이 든 여러 종류로 상류층에서는
錦繡綾羅금수능라와 같은 고급 견직물을
사용하였다. 또 포에 襴난을 두른 縫腋
袍봉액포와 欠腋袍결액포는 문무관에 따라
구별하여 착용하였다. 포를 다소 짧게
한 襖오는 포 위에 혹은, 방한용으로 포
안에 입는 경우도 있었다.

## 당대 여자의 복식

당대 여자의 대표적인 복장으로는 襦裙<sup>유군</sup> 또는 衫裙<sup>삼군</sup>이 일반적이었다. 유는 주로 겨울에, 삼은 여름에 착용하며 둘 다 길이가 짧은 상의로 紗<sup>사</sup>, 穀<sup>곡</sup>과 같이 얇은 견으로 만든 것이 많고 홍색과 자색이 선호되었다. 의복의 소매는 筒袖<sup>통수</sup>, 長裙<sup>장군</sup>이 주류를 이루었고, 어깨에 걸치는 얇은 견으로 만든 領巾<sup>영건</sup>도 유행하였다. 군은 일반적으로 랩 스커트의 형태이며, 籠裙<sup>농군</sup>이라고 칭하는 통형의 스커트도 있었으며, 주름이 많고 길이가 길어 땅에 끌리는 것이 상류층에서 유행하였다.

여자의 상의로 袍<sup>포</sup>와 襖<sup>오</sup>를 착용시에는 綾羅<sup>능라</sup>로 만든 대를 앞에서 묶고 끝을 길게 늘어뜨렸다. 버선목이 짧은 襪<sup>말</sup>과 목이 긴 衻襪<sup>요말</sup>의 두 가지 형태의 버선이 있었다. 신발은 견이나 마로 만들어 발끝에 걸치는 샌들 형태의 線鞋<sup>선혜</sup>와 線靴<sup>선화</sup> 등의 布履<sup>포리</sup>가 있었고, 짚으로 만든 草履<sup>초리</sup>도 있었다. 당대의 벽화나 당삼채에 보이는 궁중부인의 신발에는 신발코의 끝을 높게 올린 高頭履<sup>고두리</sup>도 있었다.

장식품으로는 팔에 두르는 釧<sup>천</sup>이나 耳輪<sup>이륜</sup>이 있었고 금, 은, 옥 등으로 만들었다. 원래 귀에 구멍을 뚫어 耳環<sup>이환</sup>을 다는 풍습은 漢<sup>한</sup>민족 사이에는 없던 풍속으로, 북방 유목민족이나 서역 호인과의 접촉을 통해 귀를 장식하는 풍습이 도입되었고 耳璫<sup>이당</sup>이라는 귀에 달리는 구슬장식으로 珠飾<sup>주식</sup>도 있었다. 또한 首飾<sup>수식</sup>은 서아시아나 인도 및 북방 유목민 사이에서는 옛날부터 발달하였는데, 漢<sup>한</sup>민족은 수식의 습관도 없었고, 당나라에 들어와서도 그다지 유행하지 않았다.

부인의 머리모양에도 여러 가지 변화가 보이는데 半翻髻<sup>반번계</sup>, 双環髻<sup>쌍환계</sup>, 垂環髻<sup>수환계</sup>, 高髻<sup>고계</sup>, 寶髻<sup>보계</sup> 등이 유행하였고 머리장식품으로는 金釵<sup>금채</sup>, 步搖<sup>보요</sup>, 玉梳<sup>옥소</sup>, 翠釵<sup>취채</sup> 등이 있으며, 화장도 額黃<sup>액황</sup>, 眉黛<sup>미대</sup>, 紅粉<sup>홍분</sup>, 口脂<sup>구지</sup>, 花鈿<sup>화전</sup>, 粧靨<sup>장엽</sup> 등 매우 다채로웠다.

## 당대의 복식 자료

당대의 복식자료로는 지금까지 唐三彩俑<sup>당삼채용</sup>을 비롯해서 돈황벽화나 서역 각지 사원벽화, 閻立本<sup>염립본</sup>, 王維<sup>왕유</sup>, 吳道元<sup>오도원</sup>, 周肪<sup>주방</sup> 등 당시 화가들의 인물화, 長安<sup>장안</sup> 주변의 당나라 묘벽화나 부장품 등이 풍부하게 전해지고 있다. 특히 일본의 정창원은 마치 당나라 문물박물관과 같고, 소장품의 수도 많은 편이다. 그러나 제2차 세계대전 이후, 신 중국의 발족이래 고고학적 발굴조사가 국가적 사업하에 적극적으로 이루어져 7세기대의 귀중한 묘벽화나 복식관계의 출토품이 잇따라 발견되었다.

〈그림 III-37〉 금승촌 묘벽화(산서성 대동)

그림 III-37은 山西省<sup>산서성</sup> 太原<sup>태원</sup>의 金勝村唐墓<sup>금승촌당묘</sup>에서 발견된 7세기 말의 벽화로 시녀는 高髻<sup>고계</sup>에 花鈿<sup>화전</sup>을 하고 短衫<sup>단삼</sup>, 紅裙<sup>홍군</sup>에 披肩<sup>피견</sup>을 두르고 高頭履<sup>고두리</sup>를 신었다. 남자아이는 머리를 양쪽으로 묶고, 淺黃色<sup>천황색</sup>의 團領<sup>단령</sup> 포를 입고 검은 대를 맨 당나라의 전형적인 복장이다. 그림 III-38은 陝西省<sup>섬서성</sup>의 淮安靖<sup>회안정</sup> 王墓<sup>왕묘</sup>의 벽화, 그림 III-39는 懿德太子<sup>의덕태자</sup> 묘의 벽화, 그림 III-40 · 41은 永泰公主<sup>영태공주</sup>묘의 벽화로 모두 8세기 초의 당나라 풍속을 보여주는 귀중한 자료이다.

그림 III-42는 長安<sup>장안</sup>의 韋洞墓<sup>위동묘</sup>의 석곽에 새겨진 線刻畵<sup>선각화</sup>로 双環髻<sup>쌍환계</sup>의 소녀상이며, 그림 III-43은 執失奉節墓<sup>집실봉절묘</sup>의 무용수를 묘사한 벽화로, 모델은 아마도 서역의 호족여자로 추정된다.

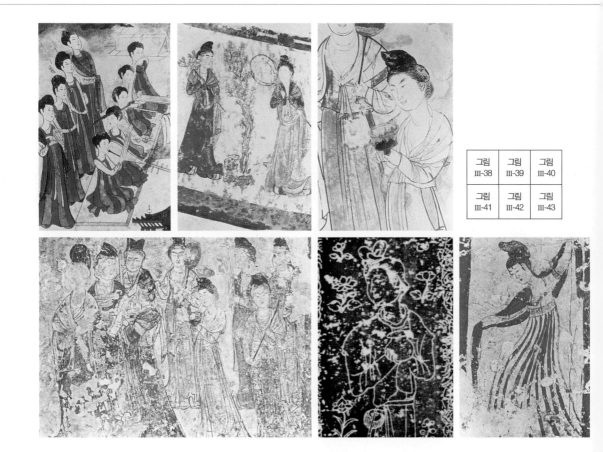

| 그림<br>III-38 | 그림<br>III-39 | 그림<br>III-40 |
|---|---|---|
| 그림<br>III-41 | 그림<br>III-42 | 그림<br>III-43 |

〈그림 III-38〉 여자 樂人圖(唐) 섬서성 三原 · 准安靖王墓壁畵    섬서성 삼원 준안정왕묘의 7세기 전반 벽화로서 악곡을 연주하는 부인들의 군상을 그린 것이다. 비파 · 금 · 쟁 · 피리 등 여러 가지 악기를 연주하는 악인과 가수를 그린 것이며, 복장은 한가지로 소매가 긴 셔츠같이 밀착한 白襦 위에 朱綠의 줄무늬가 있는 裙을 가슴 높이 어깨에 걸쳐 입고 領巾을 어깨에 걸친 인물도 보인다. 이러한 복장은 특수한 것으로 무대 의상의 일종인 듯하다.

〈그림 III-39〉 부채를 든 시녀(唐) 섬서성 · 懿德太子墓壁畵    섬서성 건현지역에 묘장된 의덕태자묘의 벽화로 8세기 초의 것이다. 시녀 복장을 한 인물은 朱色短襦에 같은 색의 長裙을 가슴 높이 입고 녹색 被巾을 어깨에 걸치고 있다. 다른 인물은 녹색 단유와 장군을 입고 주색 피건을 어깨에 걸치고 있으며, 머리는 모두 高髻를 하고 앞코가 올라간 舃 모양의 高頭履를 신었다.

〈그림 III-40〉 고배를 든 궁녀(唐) 섬서성 서안 · 영태공주묘벽화    그림 41의 부분으로 유리제 글라스를 들고 녹의를 입었다. 둥근 부채를 들고 朱衣를 입은 여인은 고계이나 머리장신구와 화장의 흔적은 보이지 않는다.

〈그림 III-41〉 궁녀행렬(唐) 섬서성 서안 · 永泰公主墓壁畵    高松塚 벽화와 비교되는 8세기 초의 영태공주묘 벽화로, 공주를 따르는 16인의 궁녀를 묘사한 벽면의 일부이다. 각각 옥쟁반, 방향촛대, 둥근부채, 고배, 보자기, 불자, 如意를 들고 있는 여성의 복장으로 색상은 다르지만 같은 것의 短襦에 長裙을 입고 紗로 된 領巾을 쓴 당대 궁녀의 전형적인 복장을 보여준다.

〈그림 III-42〉 석각 소녀상(장안 위동묘)

〈그림 III-43〉 巫女圖(唐) 섬서성 서안 · 執失奉節墓壁畵    서안 근처 郭杜鎭에서 발견된 7세기 중엽 돌궐의 장군 執失奉節의 묘벽에 그려진 무녀의 벽화이다. 백색 短襦에 주색과 백색 줄 문양의 長裙을 입고 渦卷文 요대를 두른 무녀가 주색 領巾를 휘날리며 춤추는 자세이다.

당대의 복식을 나타낸 회화 자료로써는 유명한 張萱<sup>장훤</sup>의 原畵<sup>원화</sup>를 송의 徽宗<sup>휘종</sup>황제가 모사했다고 전해지는 「搗練図卷<sup>도련도권</sup>」이 남아 있다(그림 III-44·45·46). 그리고 晩唐<sup>만당</sup>의 화가 周肪<sup>주방</sup>이 그린 「簪花仕女図<sup>잠화사녀도</sup>」(그림 III-47)나, 서역의 아스타나에서 발견된 「樹下美人図<sup>수하미인도</sup>」(그림 III-48·49) 등이 있다. 모두 당대의 풍속을 충실하게 표현한 같은 시대의 자료로써 귀중한 연구자료이다. 또한 그림 III-50은 돈황의 한 사원에서 발견된 비단 그림으로 설법을 듣는 소녀를 그린 것인데, 복장은 筒袖<sup>통수</sup>, 對襟<sup>대금</sup>의 얇은 비단 상의에 주름이 많은 裙<sup>군</sup>을 입은 모습이다.

〈그림 III-44〉 바느질하는 사녀(唐) 미국·보스턴 미술관　당나라 화가 張萱의 그림을 송나라 휘종이 모사한 '搗練圖'의 일부이다. 도련은 비단을 두드려 다듬는 것으로 요즘의 精練에 해당하며, 당시는 궁중 내에서 이 같은 작업을 하였다. 헤어스타일은 고계이며 크고 헐렁한 스커트를 가슴높이 올려 입고 상의는 통수단유이다. 긴 영건을 어깨에 걸쳤다.

〈그림 III-45〉 비단을 다듬는 사녀(唐) 미국·보스턴 미술관　그림 III-44도와 같은 도련도의 일부이다. 비단을 절구대로 다듬는 작업이 보이며, 세 여성의 상의는 주, 녹, 백색 문양이 있는 얇은 견이다. 청색과 백색 바탕에 문양이 있는 치마도 보이고, 주색상의에는 백색영건, 녹색상의에는 황색영건을 각각 두르고, 가는 腰帶도 같은 스타일로 변화를 주었다.

〈그림 III-46〉 푸새하는 사녀(唐) 미국·보스턴 미술관　도련도의 일부로 다듬은 옷감을 정리하고 있다. 좌측 여인은 단유, 장군, 영건, 고계의 모습이 두드러지나, 우측 소녀는 통수장유와 군을 입고 영건은 걸치지 않은 미성년자의 총각(みづら, 美豆良) 모양이다.

〈그림 III-47〉 삽살개와 노는 궁녀(唐) 중국·瀋陽博物館　盛唐의 화가 周肪이 그린 '簪花仕女圖'이다. 좌측의 궁녀는 黃羅長袖 袍衣에 大花文의 주색 裳을 입고, 紫紅植物文을 자수한 영건을 걸치고 있다. 우측의 삽살개와 놀고 있는 궁녀는 紅羅袍에 朱裳, 朱領巾을 걸치고 고계에 화잠을 꽂은 당대 후기의 복장이다.

| 그림 III-48 | 그림 III-49 | 그림 III-50 |

또한 당대의 복식연구 자료로써 당삼채에 나타난 인물용이 있다.(그림 III-51 · 52 · 53 · 54 · 55) 三色釉삼색유칠 기술에 의해 당대에 완성된 다수의 삼채용이 남아 있는데, 적, 청, 황, 녹, 자 등의 색상을 공들여서 복장이나 化粧화장에 배색한 陶芸品도예품은 회화와 거의 유사한 사실성을 느끼게 한다.

〈표 III-2〉
무덕 의복령

| 天子천자 14복 | 大裘冕대구면　袞冕곤면　鷩冕별면　毳冕취면　絺冕치면　玄冕현면　通天冠통천관 緇布冠치포관　武弁무변　弁服변복　黑介幘흑개책　白紗帽백사모　平巾幘평건책 白帢백갑 |
|---|---|
| 황후 3복 | 褘衣위의　鞠衣국의　鈿釵禮衣전채단의 |
| 황태자비 3복 | 褕翟유적　鞠衣국의　鈿釵禮衣전채예의 |
| 군신 21복 | 袞冕곤면　鷩冕별면　毳冕취면　絺冕치면　玄冕현면　爵弁작변　武弁무변　弁服변복 進賢冠진현관　遠遊冠원유관　法冠법관　高山冠고산관　委貌冠위모관　却非冠각비관 平巾幘평건책　黑介幘흑개책　介幘개책　平巾綠幘평건녹책　具服구복　從省服종성복 |
| 명부이하 6복 | 翟衣적의　鈿釵禮衣전채예의　禮衣예의　公服공복　半袖裙襦반수군유 花釵禮衣화채예의 |

〈그림 III-51〉紅袍靑巾 부인입상(唐三彩) 당삼채의 陶俑에서 보이는 홍포와 紺色領巾을 걸친 부인의 입상이다. 탑과 같이 선단이 뾰족한 고계와 뾰족한 신발코가 들려 올라간 신발은 盛唐 난숙기의 유행 풍속으로 보인다.

〈그림 III-52〉黃衣綠裙 婦人俑(唐三彩) 황색의 상의에 褐纈文樣이 있는 녹색 스커트를 입은 당삼채의 하나로, 좌우에 살쩍머리를 많이 내린 대계스타일大髻 style이다. 백색바탕에 남색의 流文을 물들인 披肩을 상반신에 두르고 고두리를 신은 당나라의 미인을 표현한 것이다. 중국인 용모보다 이란계의 胡姬에 가깝다.

〈그림 III-53〉의자에 앉은 소녀(唐三彩) 당삼채의 하나로 의자에 걸터앉은 소녀를 나타낸 것이다. 소녀는 쌍계 머리모양에, 水玉모양의 홍청2색으로 물들인 스커트를 입고 상의의 칼라는 넓게 벌리고 심벌즈 같은 악기를 들고 있다. 樂人 소녀를 표현한 것으로 보인다.

〈그림 III-54〉霓裳羽衣(唐) 당삼채는 아니며 素燒에 착색한 것으로 당나라 시인 白樂天의 유명한 '長恨歌' 가운데 '驚破霓裳羽衣曲'이라 읊는데, 복장은 선녀가 월궁전에서 춤출 때의 의상으로 霓는 무지개를 의미한다. 넓은 소매에 얇은 비단으로 만든 衣와 무지개를 본뜬 裳과 영건을 날개같이 나부끼며 춤추는 무녀를 보여준다.

〈그림 III-55〉금과 비파를 연주하는 악인(당삼채)

| 그림 III-51 | 그림 III-52 | 그림 III-53 |
|---|---|---|
| 그림 III-54 | 그림 III-55 | |

# 2. 고조선 · 삼국 · 신라시대의 복식

## 고대 한국의 풍토와 문화

한반도는 동경 125도, 북위 35도로부터 43도의 사이에 위치하는 동아시아의 반도로, 위도를 보면 京都<sup>교토</sup> 札幌間<sup>사쁘로</sup>에 해당하지만 기후는 대륙성으로 한서의 차가 매우 크고 겨울에는 영하 20도 이하가 된다. 사계절은 일본과 같이 뚜렷하고, 남쪽은 照葉樹林帶<sup>조엽수림대</sup>에, 북쪽은 廣葉樹林帶<sup>광엽수림대</sup>에 속한다. 역사적으로 보면 한반도 남북의 풍토 차이는 일본의 동과 서의 차이에 해당된다.

B.C.108년, 漢武帝<sup>한무제</sup>는 한반도의 북쪽을 정복하여 樂浪<sup>낙랑</sup> 등의 四郡<sup>사군</sup>을 두고 중국의 직할령으로 지배하였다. 그 후 3세기 魏<sup>위</sup>나라 즈음에 帶方郡<sup>대방군</sup>이 새로 설치되었다. 한반도의 원주민은 濊貊<sup>예맥</sup>이라 불리는 수렵 퉁구스계의 일파로, 鴨綠江<sup>압록강</sup>의 北岸<sup>북안</sup>에 고구려를 건국하고 輯安<sup>집안</sup>을 중심으로 독자의 문화를 형성하고 있었다. 4세기에 이르러 고구려는 한나라 세력의 쇠퇴에 편승하여 낙랑군을 정벌하고, 평양에 진출하여 한반도 북쪽 일대를 지배하였다.

당시 반도의 남부에는 같은 퉁구스계의 韓族<sup>한족</sup>이나 倭族<sup>왜족</sup>이 살고 있었다. 韓族<sup>한족</sup>에 대해서는 『魏志韓伝<sup>위지한전</sup>』에 "토지가 비옥하여 오곡 및 벼 등을 경작하기에 좋고, 蠶桑<sup>잠상</sup>을 알아 縑布<sup>겸포</sup>를 만든다."고 하여, 그 풍속이나 농경의례 등은 彌生<sup>야요이</sup>시대의 倭人<sup>왜인</sup>과 유사하다.

복장은 인간생활의 기층문화의 하나로 본래 자연발생적인 것이지만 그것이 차차 上層<sup>상층</sup>문화로서 사회적 역할을 담당하자 종교, 정치, 군사, 경제 등의 여러 가지 인간의 문화와의 관계가 심화된다. 한반도의 문화에 큰 영

〈그림 Ⅲ-56〉 삼국시대의
조선반도

향을 준 것은 중국의 漢한민족
문화로, 낙랑의 유적으로부터
는 漢代한대의 화폐, 동경, 무
기, 농기구, 직물, 장식품 등이
많이 발견되고 있는데, 이러
한 중국 문화는 북부의 지배
계급부터 점차 濊貊예맥족이나
한족 백성들의 생활 속으로
전파되어 갔다. 그러나 韓한민
족은 이미 고유의 생활과 문
화를 영위하고 있었으므로 기
원전 1세기로부터 3세기까지

의 400년간에 이르는 漢한인의 지배가 끝나자 독자의 사회 체제와 전통 문
화를 발전시켜갔다.


고구려의 복식문화


고구려는 건국(B.C.37년) 이후 가장 일찍이 중국문화를 수용하여 이미 373
년에 律令制율령제를 공포하였다. 고구려의 冠服관복 제도에 대한 기록으로
최고 오래된 문헌은 『魏志위지 高句麗傳고구려전』이 있으나, 그 자세한 내용은
잘 알 수 없다. 다만 漢한, 魏위의 지배 하에서는 중국의 관리들에 의해서
중국식 衣冠의관의 급여가 이루어졌던 것 같고, 관리는 그 복장에 따라서
서민과 확실히 구별되었다. 당시의 일반서민은 원칙으로 관모는 쓰지 않
고, 남녀 모두 상투를 틀었다. 다만 포백으로 된 머리띠나 두건 같은 쓰개

3) 일본해를 동해로
수정하였음.

는 서민계급에도 사용되었다
(그림 III-57).

〈그림 III-57〉 두대와 두건

같은 고구려시대에도 輯安<sup>집안</sup>시대의 벽화에 그려진 것은, 주인공과 하인 모두 통수의 호복차림이었으나, 중기
이후의 평양시대가 되면 주인공과 侍臣<sup>시신</sup>, 侍女<sup>시녀</sup>들의 복장에 이르기까지 모두 중국식의 廣袖袍<sup>광수포</sup>를 입고[4], 남자는 관을 쓰고, 여자는 중국식의 高髻<sup>고계</sup>나 環狀髻<sup>환상계</sup>를 하게 되었다.

중국의 史書<sup>사서</sup>에 기록된 고구려시대의 관모와 신분의 관계는 시기에 따라 다소 차이가 있으나 대체로 다음과 같다. 왕은 白羅冠<sup>백라관</sup>, 귀족과 고관은 靑羅鳥羽冠<sup>청라조우관</sup> 또는 鳥羽折風<sup>조우절풍</sup>을 쓰고, 일반 관리는 緋羅鳥羽冠<sup>비라조우관</sup>이나 折風弁<sup>절풍변</sup>, 고관과 일반 관리의 공통적인 것은 紫羅冠<sup>자라관</sup>과 조우관이 있었다. 일반 백성은 거의 관모를 쓰지 않았으나, 관혼상제의 특별한 경우에는 절풍변이나 皮弁<sup>피변</sup>을 착용하는 것이 허락되었다(그림 III-58 · 59).

4) 광수포가 일괄적으로 중국식이라고는 할 수는 없다. 의복의 전개상에 일반적으로 나타나는 현상이다.

| 그림 III-58 | 그림 III-59 |

〈그림 III-58〉 美川王圖(高句麗) 黃海道 · 安岳古墳壁畵 미천왕(300-330)은 4세기 초의 고구려왕이다. 고분의 주인은 왕가의 일족으로 보인다. 왕과 좌측의 종자는 복장이 모두 중국양식으로 한 위 식민지 시대의 중국문화이 영향이 특히 집배계급에게 현저하였으리라는 것을 증명한다.

〈그림 III-59〉 美川王夫人圖(高句麗) 황해도 · 안악고분벽화 묘실에 그려진 미천왕부인도로 풍성한 포의<sup>袍衣</sup>와 상<sup>裳</sup> 등은 중국풍과 유사하며 머리는 重環髻이다. 고계의 주변에 더 큰 環髻를 조합시켜 이러한 모습은 고구려벽화에 흔히 보인다.

특히 조우관, 절풍같은 관모류는 중국의 복제에서는 찾아볼 수 없는 특수한 모자이다. 그림 III-60과 그림 III-61의 輯安<sup>집안</sup>시대 고분벽화에 묘사된 수렵도에서는 기마 무사가 두 개 또는 여러 개의 조우를 관에 꽂고, 통수의 짧은 襦<sup>유</sup>를 좌임으로 여미고, 袴<sup>고</sup>를 입은 모습이 보이며, 이와 같이 조우를 관에 꽂는 풍습은 동북아시아의 수렵 민족 간에 고래로 행해지던 풍속이며, 스키타이의 수렵문에서도 그 예가 확인된다.

〈그림 III-60〉 狩獵圖(高句麗) 輯安 舞踊塚壁畵 조선 고구려의 벽화를 대표하는 무용총벽화의 일부이다. 3-4세기경 고구려의 옛 수도 집안은 鴨綠江 중류로 현재는 중국령이다. 그림에는 통수상의에 바지를 입은 무사의 기마자세가 보이며 관모는 2개의 새 깃을 단 鳥羽冠을 썼다. 交領이며 그림에는 左衽처럼 보여 지나 사실은 右衽이다.

〈그림 III-61〉 고구려벽화 수렵도

| 그림 III-60 | 그림 III-61 |

이러한 장식은 다만 기마 무사의 날쌔고 씩씩함을 상징하는 장식은 물론, 외적이나 야생동물을 유인해내는 수렵민족의 생활의 지혜이기도 하였다. 고구려에서 사용한 조우의 재료는 중국동북부 삼림지대에 가장 많이 서식하는 야생 꿩의 꼬리 깃이다.

그림 III-62는 고구려의 수도가 평양으로 천도된 후의 벽화인데, 이것에도 조우관을 쓴 남자의 모습이 그려져 있고, 또 그림 III-63과 같이 일본 奈良<sup>나라</sup>현의 玉手山<sup>다마테산</sup> 고분벽면의 석각화에도 조우관을 상징하는 두 개의 선이 그려져 있다. 또 그림 III-64는 신라 금관총에서 출토된 날개모양의 장식

금구로 금관에 꽂은 조우를 본뜬 것도 있고, 일본 福井縣후꾸이현의 吉野村요시노무라 출토의 금동관에도 안쪽에 조우장식을 꽂을 수 있는 金具금구가 붙어 있다.

중국에서도 漢한대 이후 조우관은 近衛武官근위무관의 관이었는데, 전국시대에 호복, 騎射戰術기사전술과 함께 기마민족으로부터 중국이 받아들였던 호복의 풍속이었다.

절풍은 弁변형의 관모인데, 중국 殷은대의 章甫冠장보관의 유제라고도 한다. 형태는 그림 III-65에서 보듯이 손으로 산의 형상을 만든 모양으로 가죽이나 羅라로 만들었다. 한국어로 弁변을 고깔이라고 하는데 끝이 뾰족하기 때문이다. 羅라로 만든 弁변을 특히 蘇骨소골

〈그림 III-65〉 변

이라고도 하며 靑羅청라, 緋羅비라, 紫羅자라는 羅라의 색상을 지칭하는 것이다. 관이나 옷의 색으로 신분을 구별하는 것은 일본의 복제도 같은데 '七色十三階制7색13계제' 등이 그것이다.

고구려시대 일반 서민의 복장은 집안시대의 벽화에 가장 잘 나타나고 있다.

그림 III-66 및 그림 III-67은 모두 輯安<sup>집안</sup>시대의 고구려 벽화로 남녀 공통으로 그 복장은 襦袴<sup>유고</sup>를 기본으로 하는데, 여자는 袴<sup>고</sup> 위에 裳<sup>상</sup>을 둘렀다. 또한, 襦袴<sup>유고</sup> 위에 입는 원피스인 袍<sup>포</sup>가 있는데 漢人<sup>한인</sup>과 같이 衿<sup>금</sup>, 裾<sup>거</sup>, 袖口<sup>수구</sup>에 緣<sup>연</sup>을 댔다. 이 연을 대는 것을 또한 襈<sup>선</sup>이라고도 한다. 현대 한국어로는 유는 저고리, 고는 바지, 상은 치마이고 주의는 두루마기이다. 또한, 가는 천의 대를 허리에 매었는데, 帶<sup>대</sup>를 대라고 한다.

그림 III-66 | 그림 III-67

〈그림 III-66〉 무용하는 여자(高句麗) 집안 · **舞踊塚壁畫**  무용총의 명칭은 벽화에서처럼 여러 명의 무용수가 춤을 추고 있는 그림에서 연유하고, 복장은 우측 1인은 유고, 좌측 2인은 유고에 긴 주의(두루마기)형을 입었으며, 모두 좌임이며 허리띠는 좁고 衣에는 黑緣을 대었다.
〈그림 III-67〉 고구려벽화의 일부

서민의 쓰개는 그림 III-69에 보이는 것처럼 頭帶<sup>두대</sup>나 頭巾<sup>두건</sup>이 있었으며 (그림 III-68), 겨울 방한용으로는 모피의 胡帽<sup>호모</sup>가 이용되었다. 원래 濊貊<sup>예맥</sup> 등의 수렵민은 의복 재료로서는 獸皮<sup>수피</sup>, 魚皮<sup>어피</sup>, 樹皮<sup>수피</sup>, 식물줄기 섬유 등을 사용했는데, 현대에도 북한의 산간지방에서는 이리와 들개의 모피가 방한의복으로 사용되고 있다. 또한 남자의 속바지로는 短袴<sup>단고</sup>나 褌<sup>곤</sup>이 있었던 것은 그림 III-69의 輯安<sup>집안</sup> 角抵塚<sup>각저총</sup>의 벽화에 의해서도 분명하다.

〈그림 III-68〉 헤어밴드를 한 여성(高句麗) 진파리묘 벽화 供手하고 서 있는 3인의 여자는 헤어밴드를 하고 백색상의에 옷자락은 길다. 선에는 자수 문양이 있으며, 흑색바탕에 적선은 자수 문양이 있는 이중선이다. 하의는 주름이 많은 치마를 입었으며, 귀족 밑에서 일하는 여성들로 붙연지가 붉게 강조되었다.

〈그림 III-69〉 집안 각저총 벽화

그림 III-70 · 71은 평양시대의 고구려 벽화로 그 복장은 집안시대의 襦袴
<sup>유고</sup> 스타일이 아니라 모두 중국식의 長衣<sup>장의</sup>를 겹쳐 입고, 옷깃은 우임으로 중국화 된 양식이 서민사이에서도 행해졌다는 것을 보여주고 있다.

〈그림 III-70〉 절구를 찧는 여성(高句麗) 황해도 안악고분벽화에는 碓이라는 문자가 보이며, 발로 밟는 절구로 일본의 농촌에도 남아 있다. 좌측여성이 밟고 우측여성이 찐 쌀을 넣어 떡을 만들고 있는 풍경을 묘사하였다. 우측여성은 고구려식 유고스타일이고, 우측여성은 중국식 광수포를 입고 중환계를 하여 헤어밴드로 묶었다.

〈그림 III-71〉 蔽膝을 입은 궁녀(高句麗) 평안남도 · 龕神家壁畵 고구려의 수도를 평양으로 천도한 이후의 것으로 장유를 겹쳐 입고 옷깃은 우임이며 蔽膝을 둘렀다. 머리모양은 重環으로 묶고, 옷자락은 넓으며, 고구려 고유의 복장은 아니고 중국양식에 가깝다.

## 백제의 복식 『魏志위지 高句麗傳고구려전』

백제는 고구려보다 그 건국이 약 400년 늦었지만, 낙랑이나 대방에 잔존한 중국 문화를 그대로 계승했기 때문에 문화적으로는 그다지 늦지 않았다. 백제도 원래는 고구려의 일족이 남하해서 건국한 나라이기 때문에 고유문화는 고구려와 유사하지만, 그 영역이 반도 서남에 치우쳐 있기 때문에 해로를 통해서 중국 남조나 일본과 교류를 긴밀히 행했다.

한국사 最古최고 문헌인 『三國史記삼국사기』에 의하면 "古爾王고이왕 27년[260], 품관의 복색관제를 정하다. 28년 정월 초하루에 왕은 紫大袖袍자대수포, 靑錦袴청금고를 입고, 金花飾鳥羅冠금화식조라관, 素皮帶소피대, 白皮백피, 烏韋履오위리"라고 쓰여 있는데, 관위 16계제가 시행된 것을 기록하고 있다. 백제의 건국이 4세기 중엽이기 때문에 고이왕의 연대는 약 200년 뒤로 할 필요가 있지만 고이왕의 복제는 표 III-3과 같다.

또한 백제의 복제에는 서민의 복장에 관한 것도 규제하고 있어서 일반인의 의복에 紫色자색과 緋色비색의 사용을 금지하고 있다. 『隨書수서 東夷傳동이전』에는 "백제의복은 거의 고구려와 같아서, 부인은 화장을 하지 않고, 변발을 뒤로 드리우고, 기혼자는 머리를 두 갈래로 나누어서 땋아 머리 위에서 묶는다."라고 설명하고 있는데, 이와 같이 미혼자는 한 갈래로 기혼자는 두 갈래로 머리를 땋는 풍습은 오늘날에도 몽골, 터키, 티벳 등의 아시아 유목민족 간에 널리 행해지고 있는 풍습이다.

〈표 III-3〉

| 品級품급 | 冠飾관식 | 帶色대색 | 衣色의색 |
|---|---|---|---|
| 1品품~6品품 | 銀花은화 | − | 緋비 |
| 7品품 | − | 紫자 | 緋비 |
| 8品품 | − | 皂조 | 緋비 |
| 9品품 | − | 赤적 | 緋비 |
| 10品품 | − | 靑청 | 緋비 |
| 11品품~12品품 | − | 黃황 | 緋비 |
| 13品품~16品품 | − | 白백 | 緋비 |

백제 지역은 원래 韓族<sup>한족</sup>의 토지이었기 때문에, 남한의 마한, 변한, 진한 시대에는 일본처럼 貫頭衣<sup>관두의</sup>나 腰卷<sup>요권</sup>, 혹은 小袖形式<sup>소수형식</sup>의 복장이 행하여졌다는 것은 『위지한전』 등에서 추정할 수 있고, 일본식의 대나무나 짚을 사용한 笠<sup>립</sup>과 草履<sup>초리</sup> 등도 사용되었는데, 조선의 삼국시대에 들어서면 복장에 관해서는 거의 남북의 차이가 없어졌고 민족적으로도 남북의 혼혈이 진행되어 북방 기마민족적인 전통과 벼농사를 짓는 남방의 민족적인 요소가 결합되어 새로운 조선 문화가 형성되었다. 이것은 일본의 상황과 대단히 유사하다. 그림 III-72 는 그러한 남북 절충양식을 보이는 石刻畫<sup>석각화</sup>의 하나이다.

〈그림 III-72〉 립상 모자를 쓴 기마도

백제의 복식 자료는 고구려와 신라에 비하면 적은 형편이고 그림 III-73에서 보이는 금관의 立飾<sup>입식</sup>과 그림 III-74에 보이는 황금 耳飾<sup>이식</sup>이나 釵<sup>채</sup> 그림 III-73 등이 있고, 모두 공주 무령왕릉에서 출토되었다.

| 그림 III-73 | 그림 III-74 | 그림 III-75 |
| --- | --- | --- |

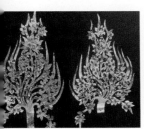

〈그림 III-73〉 金冠立飾(百濟) 公主·武寧王陵 出土 금관은 신라와 같이 그 수는 적지만, 백제 유적에서도 발견되고 있다. 무령왕(501-522)릉묘에서 출토된 것이다.

〈그림 III-74〉 垂飾付耳飾(百濟) 무녕왕릉 출토 백제고분에서 출토된 황금 귀걸이로 두 개의 수식이 달려 있으며 한쪽 끝에는 커다란 황금 행엽이 달려 있고 나머지 한 개의 끝에는 비취 곡옥이 달려 있다.

〈그림 III-75〉 황금 채(백제 공주 무령왕릉)

## 신라의 복식

신라는 백제와 거의 같은 시기에 건국(B.C.57년)되었지만 그 영역이 반도 동남부로 동해[5]에 접해서 중국의 남북조 어느 쪽과도 직접적인 접촉은 드물고, 중국으로부터의 문화적 영향도 통일신라시대에 이르러 비롯하였다. 그런 연유로 신라는 삼국 가운데에서 고유문화를 가장 잘 보전하였다고 볼 수 있다.

『三國史記삼국사기』에 의하면, "法興王법흥왕이 처음으로 육부의 복색 제도를 정하였다."라고 하였는데, 신라의 관위는 독자적인 신분제도인 골품제에 의한 17품급제를 채용하여, 복색은 상위로부터 紫자, 緋비, 靑청, 黃황의 4색을 도입하였다.

중국이 唐당대에 들어서자 당은 여러 차례 반도에 출병하여 고구려를 공격했는데, 이것은 신라와 당을 결속시키는 결과가 되었다. 7세기 중엽, 신라 眞德女王진덕여왕 2년(648)에는 대신 金春秋김춘추가 당에 들어가, 당나라의 의관을 받아들여, 그 후는 唐風당풍의 관복제도가 신라에서 행하여지게 되었다.

668년, 나당연합군은 고구려, 백제를 멸망시켜 반도 전역은 신라의 단독 지배시기에 접어들었다. 그 이래로 신라 상류 사회의 복식은 당풍일색이 되어, 일반 서민들도 신라고유의 복장을 외면하고 당풍의 화려함을 좇는 경향이 생기게 되었다.

그 때문에 흥덕왕은 大和대화 9년(834)에 유명한 服飾禁制令복식금제령의 교지를 내려, "사람에게는 상하가 있고, 지위에는 고저가 있어, 명분의 規例규례는 같지 않으므로, 의복도 또한 다른 것이다. 풍속이 점점 경박해져서 백성들이 사치하고 화려함을 다투며, 다만 기이한 물건의 진기함을 숭상하고 도리어 토산물의 속됨을 싫어하니 禮貌예모의 등급은 僭越참월에 이르고, 풍속은 허물어짐에 이르렀다. 이에 감히 옛 법에 따라 하늘의 명령을 펴는 것이니, 짐짓 법을 범하면 국가에서 일정한 형벌이 있을 것이다."라고 명하였다.

이러한 금제령의 내용은 매우 복잡하고, 관리는 물론, 일반 평인 남녀에게까지 해당되었는데, 冠帽<sup>관모</sup>에서 表衣<sup>표의</sup>, 袴<sup>고</sup>, 內裳<sup>내상</sup> 半臂<sup>반비</sup> 背襠<sup>배당</sup>, 內衣<sup>내의</sup>, 裱<sup>표</sup>, 腰帶<sup>요대</sup>, 履<sup>리</sup>, 襪<sup>말</sup>과 櫛<sup>즐</sup>, 簪<sup>잠</sup> 등 의복의 종류, 재료와 직물의 사용, 색상 등에 이르기까지 엄격하게 제한[6]을 가하였다. 이런 점에서, 홍덕왕 복식령은 같은 당의 제도를 모방한 일본의 의복령과 비교하면 현격한 차이가 있다.

그 금제령의 일부분을 소개하면, 관모는 모두 복두로 통일되고, 서민에게도 복두의 사용은 허용되었지만, 가장 겉에 입는 옷인 표의는 4두품 이상은 명주로 하고, 4두품 이하 및 평인은 삼베나 갈포, 고와 반비는 겉옷과 동일한 직물을 사용하여, 4두품 이하의 요대는 동 혹은 철, 평인의 신발은 麻履<sup>마리</sup>로 제한되었다. 또, 평인 여자의복에는 黃<sup>황</sup>, 紫<sup>자</sup>, 緋紅<sup>비홍</sup>을 제외한 白<sup>백</sup>, 靑<sup>청</sup>, 黑<sup>흑</sup>의 색상이 허용되었으나 재료는 삼베 혹은 갈포로 견의 사용은 허용되지 않았고, 비녀는 鍮石<sup>유석</sup>으로, 빗-櫛<sup>즐</sup>은 나무로, 襪<sup>말</sup>은 무늬 없는 삼베, 腰帶<sup>요대</sup>는 綾絹<sup>능견</sup> 이하의 것을 사용하고, 표의 사용은 허용되지 않았다.

신라의 수도였던 경주를 중심으로 고분에서의 출토품은 현재까지도 상당히 풍부하나, 특히 금관이나 황금 腰帶<sup>요대</sup>, 耳飾<sup>이식</sup> 등의 금제품이 대단히 많다. 이것은 신라가 금의 산출이 특히 많았기 때문은 아니다. 남러시아에서 알타이 산지, 몽골 고원으로 이어지는 북방 기마민족의 초원 문화는 만주를 지나 조선반도의 동쪽으로 남하하여 신라에 이르고 있다는 것을 알 수 있다. 다시 말하면, 북방 유라시아를 동서에 전하는 초원길의 종점이 신라였다고 말할 수 있다. 그것은 그림 III-76의 아프라시압 궁전의 벽화에 의해서도 증명된다.

6) 포백의 사용·량도 제한은 원문에는 기록에 없어 삭제함.

〈그림 Ⅲ-76〉 아프라시압 성지벽화의 신라사절 24,25 (7세기 초기)

그림 Ⅲ-77은 金鈴塚<sup>금령총</sup> 출토의 술을 담는 용기이며 기마인물이 쓰고 있는 것이 하얀 자작나무의 껍질로 만들어진 樺冠<sup>화관</sup>이라고 생각된다. 그와 같은 형상의 관이 금속제의 것도 출토되고 있다(그림 Ⅲ-78). 그림 Ⅲ-79·80·81·82는 모두 신라 고분에서 출토된 금관인데, 일본의 5세기경의 고분에

| 그림 Ⅲ-77 | 그림 Ⅲ-78 |
|---|---|

〈그림 Ⅲ-77〉 樺冠騎馬人物(新羅) 慶州·金鈴塚 출토 경주의 신라고분에서 출토된 陶製이며, 술을 담는 용기로 말의 꼬리에서 술을 부어 전방의 돌출된 筒口로 따른다. 기마무사는 신라 무인을 상징한 것으로 白樺皮로 만든 折風을 쓰고 허리에서 발목까지 이르는 혁제의 蔽甲을 입고 있다.

〈그림 Ⅲ-78〉 금동절풍 관모잔결(신라)

제3장 동양 중세의 복식　109

<그림 III-79> 鳥羽狀金冠
(新羅) 경주·金冠塚 出土
5개의 입식이 달린 外冠과
2개의 조우를 단 內冠으로
이루어져 있다. 외관에는
曲玉으로 장식된 드림장식
이 있고, 외관과 내관은 瓔
珞片과 곡옥으로 장식되어
있다.

<그림 III-80> 立飾付金冠
(新羅) 경주·瑞鳳塚 出土
5개의 입식이 있는 외관이
며 외관만 단독으로 사용한
것이다. 立花, 臺輪 및 垂飾
은 杏葉型 瓔珞과 곡옥으로
장식되어 있다.

<그림 III-81> 折風形 內冠
(新羅) 경주·天馬塚 出土
입식 금관 내측에 쓰는 내
관으로 모양은 절풍형이고
외관이 없이 단독으로 쓰이
던 것이다.

<그림 III-82> 杏葉立飾外
冠(新羅) 경주·高靈 出土
행엽 모양의 입식을 단 외
관으로 영락과 곡옥은 欠
落하고 없으나, 대륜 주위
에 粒文 連續龜甲 문양이
타출되어 있다.

| 그림<br>III-79 | 그림<br>III-80 | 그림<br>III-81 |
| --- | --- | --- |
| | | 그림<br>III-82 |

서도 그와 같은 형태의 금관이 수점 출토되고 있는 것은 당시 신라와 倭
國왜국의 관계를 증명하고 있는 것이다. 그림 III-83은 황금의 요대와 요패
이고, 그림 III-84는 황금 귀걸이, 그림 III-85는 귀걸이에 달린 장식으로
모두 신라고분에서 출토된 것이다. 또한 그림 III-86과 같은 황금 신발도
출토되었다. 『日本書紀仲哀記일본서기중애기』에도 "눈부시게 빛나는 금, 은 채
색된 것이 그 나라에 많이 있다. 그곳을 栲衾고금신라국이라고 한다."고
적혀 있어, 신라가 금은제 장식품의 중요한 생산지였다는 것을 보여주고
있다.

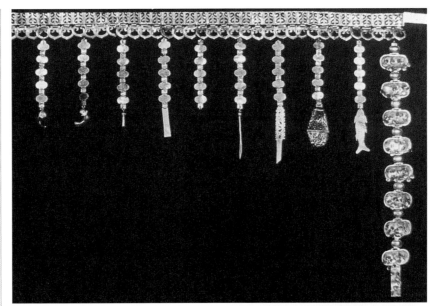

| 그림 III-83 | |
| --- | --- |
| 그림 III-84 | 그림 III-85 |
| 그림 III-86 | |

〈그림 III-83〉 黃金腰佩(新羅) 신라·천마총 출토  황금제 요패로 늘어진 佩飾品의 일부이며, 銙帶의 앞길이는 125cm로 행엽형 환이 달린 투조 금판을 수십 개 연결하고, 환에는 같은 간격으로 곡옥, 魚符 등의 패식품으로 꾸몄다.

〈그림 III-84〉 太環耳飾(新羅) 경주·금령총 출토  굵은 황금환에 細鐶이 조합된 귀걸이로 태환이 표면에 粒文의 부출에 의해 龜甲文이 보이고 세환에는 행엽 수식이 늘여져 있다.

〈그림 III-85〉 곡옥수식의 이환장식

〈그림 III-86〉 금리(신라)

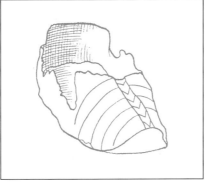

# 3. 동서 복식문화의 교류

## 중세의 서아시아와 서역

중국의 남북조시대, 파미르 고원의 서쪽에는 사산조 페르시아가 그 세력을 떨치고 있었다. 사산조는 동로마의 동쪽 진출을 억제하고, 실크로드의 무역이권을 독점하며, 동쪽의 중국과 서쪽의 지중해문명을 연결시키는 교두보 역할을 하고 있었다. 이란에서 견직물 생산이 성행하게 된 것은 6세기경이었다. 페르시아의 견직 기술은 모직물 전통기술을 활용하여 단시일 동안에 급속하게 진보하여 중국에도 없었던 緯錦<sup>위금</sup>의 제법까지 고안하였다.

그때 파미르 고원의 동쪽에는 서역의 오아시스 국가군이 실크로드의 중계지로 번영하고 있었다. 당시의 서역은 오늘날의 의미보다 넓고 구 소련령인 서터키스탄과 아프가니스탄, 천산산맥 북쪽의 噶丹<sup>준가르</sup>에서 티벳 고원에 이르는 광대한 지역을 지칭하는 것이었다.

이 서역의 입지 환경을 유라시아 대륙 전체에서 조망하면 그림 Ⅲ-87과

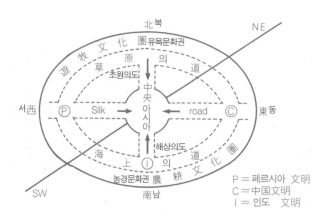

〈그림 Ⅲ-87〉 서역(중앙아시아)의 위치

같은 개념도로 생각할 수 있다. 즉 유라시아 대륙을 동서로 긴 타원형으로 보고 북동<sup>(NE)</sup>과 남서<sup>(SW)</sup>를 맺는 사선으로 이분하면 북서쪽은 遊牧<sup>유목</sup>문화권, 남동쪽은 農耕<sup>농경</sup>문화권으로 대별할 수 있다. 중세 유라시아 대륙의 삼대 문명권이라면, 서쪽에 사산조 페르시아문명<sup>[P]</sup>, 남쪽의 굽타조의 인도문명<sup>[I]</sup>, 동쪽의 중국문명<sup>[C]</sup>이 있고 이들을 묶는 동맥이 세 개가 있다. 즉, 초원의 길, 해상의 길, 오아시스길 실크로드이다. 중앙아시아는 바로 이러한 세 개의 간선 동맥의 교차점에 위치하고 있었던 것이다. 따라서 동, 서, 남, 북의 사방으로부터 많은 민족이 다양한 문화를 가지고 중앙아시아를 왕래하였다.

　　고대, 중세는 오늘날 만큼 국경 출입이 부자유스럽지 않고 자연 조건이나 강탈자에 대한 피해의 대비만 되어 있으면 비교적 자유롭게 왕래할 수 있었다. 중앙아시아가 고대 유라시아 대륙 문명의 십자로였기 때문에 동서 복식문화의 교류를 설명하는 것은 바로 중앙아시아의 복식사를 설명하는 것이기도 하다.


### 사산조와 사라센의 복식

　　사산조 페르시아의 복식은 고대 페르시아의 양식과 그다지 큰 변화는 없지만, 이때부터 바지의 착용이 널리 보급되고 튜닉형, 코트형, 오바형의 의복도 병용되었다. 서민사회에서는 그리스 로마풍의 키톤형이나 권의형도 입었으나, 상류사회에서는 裾<sup>거</sup>, 衿<sup>금</sup>, 袖口<sup>수구</sup> 등에 화려하게 자수한 것, 아름다운 꽃무늬로 장식한 숄과, 團領<sup>단령</sup>, 領巾<sup>영건</sup> 등도 착용되었다.

　　7세기 중엽이 되면 아라비아 반도에서 흥했던 이슬람군이 서아시아에 침입하여 사산조를 무너뜨리고 이슬람 지배를 중심으로 하는 Umayyad dynasty<sup>우</sup>

마이아조(661-750)를 세웠다. 8세기에 이르러 그 세력이 급속하게 확대되어 서쪽은 북아프리카에서 이베리아 반도, 동쪽은 중앙아시아로부터 북인도에까지 그 지배권에 이르렀다. 그 후 아랍 지상주의에 반대하는 페르시아계 교도가 Abul-Abbas아불 압바스를 지도자로 혁명을 일으켜 바그다드에 압바스조 사라센 국가를 건설하였다.

이 사라센 제국 시대는 중국의 당대에 해당하는데 압바스조의 복장은 일반적으로 아랍풍이라기보다는 오히려 페르시아적 색채가 강하고 사산조의 전통을 계승한 것이었다.

이슬람교도는 극단적인 우상 배격론자로 인간이나 동물을 회화나 조각으로 표현하는 것을 싫어했기 때문에 아랍군이 통과한 지역에서 인물을 본뜬 것은 철저하게 파괴하였고 그들 자신도 우상과 같은 것은 그다지 남기지 않았다. 그로 인하여 이슬람에 관한 복식자료는 극히 적지만, 페르시아계의 이슬람교도에 의한 세밀화 기법이 생겨서 수많은 회화작품이 남아 있다.

사라센 시대의 복식은 남자는 앞여밈의 카프탄형으로 옷자락이 긴 모직물 속옷[다라리|dhararee] 위에 페르시아풍의 코트[틸산TireSein]를 입고 그 위에 허리띠를 맨 것이 많고 머리에는 터번을 둘렀다. 터번은 본래 직사 일광을 피하고 모래 바람이 불 때를 대비한 필수품이었는데 후에는 이슬람교도의 상징이 되어 세계적으로 이슬람교도 사이로 확대되었다.

압바스조의 바그다드 귀족은 복장에서 극단적으로 사치스러워서 9개로 재단한 천을 재봉한 남자 의복이나 타이즈식의 바지로 hose호즈도 보인다. 또 무릎아래 길이의 羅紗라사제 긴 상의, 소매가 넓고 옷자락이 긴 망토, 남자의 넥타이가 이때부터 유행하였다. 서양복식의 역사에서는 14~15세기에 걸쳐서 寬衣관의로부터 窄衣착의형으로의 변화가 일어났지만 이미 9~10세기에 있어서 서아시아에서는 이와 같은 변화가 일어나고 있었다.

남자가 수염을 기른 것은 고대 페르시아로부터 시작된 풍습이었지만 이슬람인도 수염을 길렀다. 수염은 직업과 신분에 의해 백, 흑, 적, 녹색 등으로 구별하여 염색하였는데, 의사나 법관은 희게 염색하였고, 군인은 검은 수염을 좌우로 나누었다. 또한 귀족은 머리를 몇 가닥으로 나누어 땋아 내렸다. 이와 같은 풍습은 후세 유럽에서도 유행하게 되었다. 일반 서민은 머리를 짧게 깎아서 turban<sup>터번</sup>을 두르고, 터번 아래에는 반드시 둥근 모자를 썼고, 노예는 터번이 허용되지 않았으며 둥근 모자만 쓸 수 있었다.

화장은 여자보다도 오히려 남자들 사이에 유행하여 귀족 남자는 아이섀도를 칠하고 향유, 향수, 입술 연지 등을 사용하였다. 귀족 여자는 머리를 20개 정도로 땋아서 어깨에 늘어뜨리고 얼굴의 잔털과 체모는 모두 뽑아서 피부는 아르메니아의 황토로 문질러 윤을 냈다. 터키탕은 궁정만이 아니라 민간에서도 번성하고 탕녀, 화장사, 마사지하는 사람, 매니큐어 바르는 사람 등도 있었다.

사라센 시대의 서민 일반의 복장으로, 남자는 옷자락이 긴 속옷인, Thob<sup>토브</sup> 위에 넉넉한 상의로 Zubun<sup>즈븐</sup>을 걸치고 가죽이나 동물의 털로 짠 대를 매고, 부유한 계급은 그 위에 페르시아풍의 外袍<sup>외포</sup>인 Abba<sup>아바</sup>를 입었다. 일반 부인은 모두 길이가 긴 흰색 혹은 검은 색의 베일인 Chador<sup>차도르</sup>로 얼굴부터 신체를 덮었는데, 코란에 여자가 화장하거나 화려한 복장을 하여 남자를 유혹하는 것을 금기시한 것으로부터 이와 같은 풍습이 생겼다고 전하여진다.


## 중세 중앙아시아의 복식

고대 오리엔트 및 스키타이 흉노의 유목민족의 복식에 관해서는 이미 전술한 바 있고, 중앙아시아에 대한 세계의 관심이 보편적으로 고조된 것은 1900년의 Sven Hedin<sup>스엔헤딩(1865-1952)</sup>의 樓蘭<sup>루란</sup> 발굴 이후로, 20세기의 초기

엔 서역 발굴의 붐이 이어졌다. 누란은 기원 전후에 존재한 오아시스 국가의 하나로, 그 고분에서 여왕의 미이라가 넣어진 목관이 발견되고, 부장품 중에서 의복, 양말, 장갑 등 그림 Ⅲ-88·89에서 보이는 바와 같이 펠트제의 모자와 신발, 漢<sup>한</sup>대의 견직물이나 페르시아의 모직물 등 다수의 복식품이 출토되었다.

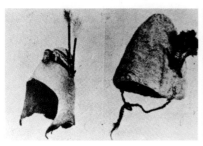 

그 후, 이에 자극을 받아 영국의 Marc Aurel Stein<sup>스타인(1862-1943)</sup>, 독일의 lbert von Lecoq<sup>르코크(1860-1930)</sup>, 프랑스의 Paul Pelliot<sup>페리오(1878-1945)</sup>, 러시아의 Pyotr Kuzmich Kozlov<sup>코즈로프(1863-1935)</sup>, 일본의 大谷<sup>오타니</sup> 탐험대 등에 의해 발굴 조사가 이루어지고, 서역 각지에서 발견된 토우, 木偶<sup>목우</sup>, 벽화, 회화, 의료, 염직품 등의 복식관계 자료만으로도 오늘날 상당한 자료가 남아있지만, 유감스럽게도 아직 완전히 정리되지 못한 상태이다. 게다가 전후 1950년대 이후에 들어 중국의 考古調査隊<sup>고고조사대</sup>는 같은 누란의 유적에서 大古墳群<sup>대고분군</sup>을 발견하고, 완전한 着衣<sup>착의</sup>의 상태의 夫婦合葬<sup>부부합장</sup> 미이라와 함께 많은 부장품을 발굴하였는데, 그림 Ⅲ-90은

〈그림 Ⅲ-90〉 중국 고고조사대 발견의 복식품

그 가운데의 일부이다.

당시 출토품을 통하여 기원 전후의 서역 지방에서 입혀졌던 복식을 추정한다면, 대체로 다음과 같은 의복의 존재가 판명된다. 기원 전 후 2~3세기에 걸쳐, 서역에 살고 있던 주민은 페르시아계와 인도계가 대부분이고, 따라서 복장 양식도 페르시아, 인도 양식에 가까운 스타일이 입혀졌다. 그러나 북방 유목민족인 투르크계의 月氏族월씨족이 흉노에 쫓겨 서역에 진입하게 되자, 점차 기마민족 양식의 복식으로 변화되어 갔다.

남자의 복장은 일반적으로 上衣상의, 下袴하고 형식으로 상의는 筒袖통수에 옷자락이 짧고, 袴고는 바지식의 가죽제품이 많다. 앞이 열린 페르시아풍의 옷자락이 긴 코트도 있고, 모자는 펠트 혹은 가죽제이며, 신발모양은 半長靴반장화, 허리띠는 革帶혁대를 사용하였다. 여자의 복장도 남자와 같으나, 스커트 뿐만이 아니라 衣의와 裳상을 연철한 원피스형의 코트류도 착용되었다. 의복재료는 가죽, 펠트, 모직물 등 외에 중국산의 絹견 뿐만 아니라, 漢한대의 錦금이나 繡수, 羅라, 綾능 등의 고급 견직물도 수 없이 출토되고 있다. 결국, 당시 서역의 오아시스 국가에서 입혀졌던 복장은 내륙아시아에 전반에 공통으로 착용한 胡服호복 양식이었다.

2세기 무렵, 몽골 고원의 흉노는 신흥의 鮮卑族선비족에 쫓겨 초원의 길 서쪽으로 패주하였는데, 위진남북조 시기에 이르러, 터키계의 柔然유연이 몽골고원을 지배하고, 서역 諸國제국의 페르시아계 주민은 몽골 혹은 터키계인 유목민과 혼혈이 비롯되었다. 또한 漢人한인의 이주자도 점차 증가하고, 高昌투루판, 于闐호탄, 沙車얄칸드, 疏勒카슈가르, 龜玆쿠차, 焉耆골라, 精絕니야 등의 오아시스 국가가 실크로드의 중계 숙소로 번영하였다.

5세기에 들어 알타이 산지를 근거지로 하던 투르크계의 突厥돌궐이 북방으로부터, 이란계의 Ephthal族애후탈족이 서방으로부터, 서역의 평화지대를 위태롭게 만들었다. 북위의 승려, 法顯법현이나 宋雲송운이 서역을 방문한 것은 바로 이 무렵이었다. 북위 시대의 고분에서 자주 灰陶<sup>회도</sup>에 착색한 胡人俑<sup>호인용</sup>이 출토되었다. 이때 북위의 영토는 敦煌<sup>돈황</sup> 일대에 미쳤기 때문에 서역인의 왕래도 빈번하였고, 수도 洛陽<sup>낙양</sup>에는 많은 서역상인들이 출입하였고, 또 하층 노동자로써 중국사회에 보내진 서역인도 적지 않았다. 그림 Ⅲ-91 · 92 · 93은 그와 같은 호인을 표현한 北魏<sup>북위</sup>묘의 부장품이다.

〈그림 Ⅲ-91〉胡人女性 灰陶俑(南北朝) 좁은 소매가 달린 엷은 홍색 상의는 가슴이 깊이 파여 있고, 革製 같은 치마를 입은 여성상으로 북조시대 고분에서 출토된 것이며 灰陶에 착색되어 있다. 용모는 호인으로 북조 귀족에게 고용된 노비로 보인다.

〈그림 Ⅲ-92〉호인남자 회도용(南北朝) 倉敷 · 大隊美術館 회도에 착색한 호인의 御者를 조각한 상으로 褐色 開衿의 단상의는 帶로 앞에서 묶고 머리에는 복두를 썼다. 오른손에는 말 혹은 낙타를 끌고 있는 듯하고 큰눈, 높은코는 이란계 소고드인Sogod人을 표현한 것 같다.

〈그림 Ⅲ-93〉낙타를 탄 호인(南北朝) 남북조시대의 彩陶유품의 하나이며, 턱수염이 난 소고드 상인으로 보이며, 펠트제의 호모를 쓰고 원피스류의 袍의 밑단이 넓은 호복을 입은 것으로 보인다.

그림 Ⅲ-94는 북위 시대의 돈황 벽화의 일부로 관음보살을 표현하고 있는데, 領巾<sup>영건</sup>, 披肩<sup>피견</sup>, 긴 스커트 등의 인도 양식이 서역의 호복에 영향을 준 것을 이야기하고 있다. 그림 Ⅲ-95는 戰後<sup>전후</sup>, 아스타나의 북조 말기의 묘에서 출토된 織成錦<sup>직성금</sup>으로 만든 신발로, 앞쪽 끝에 「富且昌宜侯王天延命長<sup>부차창의후왕천연명장</sup>」의 문자가 작성되어 있는 것은, 漢人<sup>한인</sup>의 손에 의해 만들어진 신발임을 증명하고 있다.

〈그림 III-94〉 菩薩立像(南北朝) 敦煌壁畵　북위시대의
돈황 벽화의 일부 관세음보살의 입상을 묘사한 것으로 어
깨에 걸친 가사, 길이가 긴 영건, 수색 롱스카프, 두관 귀
걸이 팔찌 등의 액세서리는 인도의 미술과 6조양식의 복
합적인 것이 보인다.

〈그림 III-95〉 錦履(南北朝) 신강 위구르 자치구·아스타
나Astana 出土　아스타나의 後梁墓에서 출토된 비단으로
만든 신발이다. 홍, 남, 황 록 등 8색의 색사로 짠 직금으
로 만든 운두가 낮은 신발. 신코에 '富且宜候王天延命長'
이라는 10개 문자가 직출되어있다.

### 발굴품에 나타난 당대 서역의 복식

　서역 일대에서의 출토된 복식자료는 상당수에 이르고, 대부분 당나라 시
기 7~9세기의 것에 집중되고 있다. 이것은 당나라가 세계제국으로써 그 지
배 영역을 확대할 뿐만 아니라, 서역이 서쪽의 비잔틴이나 사라센 문화의
입구로써 중요한 위치에 있었음을 보여주는 것이다.

　그림 III-96은 서투르키스탄의 Afraciab<sup>아프라시압</sup>의 궁전지에서 발견된 벽화
의 일부로, 당시 서돌궐 제국의 세력권에 있었던 소그드 왕국의 귀족을 묘
사한 것이다. 턱수염을 기른 페르시아계의 인물이 페르시아 문양이 있는

긴 코트를 입은 모습으로 표현되어 있다. 당시 실크로드의 무역을 지배하던 집단은 페르시아계 Sogod<sup>소그드</sup>인들이었다(그림 III-97).

그림 III-98은, 같은 투르키스탄의 Penjikent<sup>펜지켄트</sup> 성지의 벽화로 7세기의 이슬람 침입 이전의 것인데, 寶冠<sup>보관</sup>을 쓴 여성은 보살을 표현한 것이고, 페르시아풍의 하프를 켜고 있다. 이 被肩<sup>피견</sup>과 領巾<sup>영건</sup>에는 인도 불교미술의 영향이 보인다.

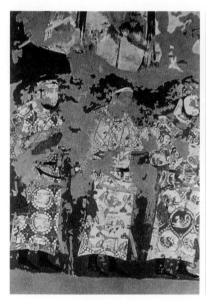

| 그림<br>III-96 | 그림<br>III-97 | 그림<br>III-98 |
| --- | --- | --- |

〈그림 III-96〉 아프라시압 벽화 Afrasiab Mural Paintings(6-7세기) 소련령 투르키스탄의 소그드왕국 궁전터에서 발견된 그림의 일부. 이란풍의 연주문이 있는 장포를 입은 3인의 궁정인이 그려져 있다. 턱수염을 기른 이란계 특유의 용모이며 장화를 신었다. 이슬람 침입이전의 풍속을 보여주는 것으로 생각된다.

〈그림 III-97〉 서역의 이란계 원주민(당초)

〈그림 III-98〉 하프를 타는 보살상(7세기) 소련 우즈베키스탄 공화국 사마르칸드 근교의 펜지겐트의 유적에서 발견된 벽화의 일부이다. 이슬람 침입 이전의 소그드시대의 회화로, 寶冠, 영건, 胸飾 등 인도 불상문화의 영향이 강하게 보인다.

그림 III-99는 투르판 부근의 Karahojo<sup>카라호죠</sup> 사원의 벽화로, 좌측은 景敎<sup>경</sup><sup>교</sup>의 사제이며, 세 명의 신자에게 성수를 주는 장면을 묘사한 것이다. 신자의 복장은 페르시아양식이고, 사제는 비잔틴양식이다.

그림 III-100은 호탄 근처의 丹丹緯里克<sup>단단위리크</sup> 사원에 묘사된 벽화로, 화면 상단의 말위에 있는 보살상의 복장은 인도양식이고, 낙타를 타고 있는 신도는 중국 당나라의 복장 형식이다.

그림 Ⅲ-101도 동일한 丹丹緯里克<sup>단단위리크</sup> 사원에서 발견된 목판의 채색화로,「蠶種西漸傳說<sup>잠종서점전설</sup>」의 설화를 묘사한 것이다.

〈그림 Ⅲ-99〉 景敎僧과 신도들(7세기) 신강 위그르자치구의 카라호죠 사원터에서 루코크 탐험대가 발견한 벽화의 일부이다. 좌단의 경교승이 3인의 신도에게 성수를 뿌리는 것을 묘사한 것으로, 신도의 코트와 모자는 이란식이고 경교 승려의 장의는 로마풍이나 우측의 裳<sup>상</sup>를 틀고 가슴높이 올려 입은 스커트의 모습은 당나라 여성의 자세이다.

〈그림 Ⅲ-100〉 말에 탄 菩薩(7세기) 신강 위그르자치구 호탄 근처의 단단위리크 사원터에서 영국의 스타인A. Stein이 발견한 벽화의 일부이다. 화면의 상단에는 들새에게 물을 주고 있는 기마의 보살상이, 하단에 낙타를 탄 관리는 당나라 복식을 입었다.

〈그림 Ⅲ-101〉 蠶種西漸說話板繪(唐) 신강 위구르자치구·호탄 출토 호탄 근교의 단단위리크 사원터에서 발견된 판의 그림. 호탄의 왕이 중국에서 공주를 환영할 때 당시 국외반출이 금지되었던 누에알을 머리카락 속에 숨겨 서역왕국으로 가지고 나왔다는 '잠종서점설화'를 판화로 묘사한 것으로 공주의 용모와 복장이 완전히 이란 양식으로 묘사되었다. 현지 이란계 화가의 작품으로 보인다.

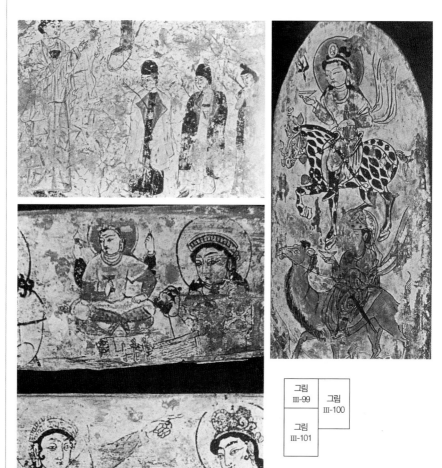

| 그림 Ⅲ-99 | 그림 Ⅲ-100 |
|---|---|
| 그림 Ⅲ-101 | |

서역에 시집간 중국의 공주가 모발사이에 누에알을 숨겨서 서역국으로 가져갔다는 전설에 의거하여 묘사하였는데, 당시, 누에는 중국의 영토 이외로 반출되는 것이 금지되어 있었다. 공주의 용모와 복장은 모두 페르시아풍으로, 중국인의 용모는 아니다. 당나라 초기, 티벳 고원에는 羌族<sup>강족</sup>이 세웠던 吐蕃<sup>토번</sup>왕국이 있었다. 한때 서역의 남도 일대를 압도하여 세력이 번성하였는데, 중국에서 文成<sup>문성</sup>공주가 토번왕에게 시집을 갔다(그림 Ⅲ-102).

그림 Ⅲ-103은, 돈황의 벽화에 묘사되었던 토번왕출행도인데, 흰색 페르시아 양식의 코트와 페르시아풍의 모자를 쓴 왕과, 시종 그리고 짧은 흑색 상의에 스커트를 입은 여성이 보인다.

| 그림<br>Ⅲ-102 | 그림<br>Ⅲ-103 |
| --- | --- |

〈그림 Ⅲ-102〉 토본왕에 시집간 문성공주(당)

〈그림 Ⅲ-103〉 吐蕃王出行(唐) 돈황벽화  토번왕국은 당대에서 송대에 걸쳐 번영했던 티베트족의 왕국으로 불교가 번성하고 토번이 헌납한 벽화도 돈황 사원에 상당히 남아있다. 이 그림은 국왕과 天蓋를 든 시종들이 같은 적색 모자를 쓰고 이란풍의 코트를 입었다. 다른 시종은 흑색의 短上衣를 좌임으로 입고 裙을 입은 후에 좁은 벨트를 매었는데 1인물은 여성으로 보인다.

또한, 大谷<sup>오타니</sup> 탐험대가 龜玆<sup>쿠차</sup>유적에서 발견한 木製漆塗<sup>목제칠도</sup> 舍利<sup>사리</sup>용기의 덮개에 있는 連珠文<sup>연주문</sup> 가운데 有翼天使<sup>유익천사</sup>가 묘사되어 있고, 胴<sup>동</sup>의 둘레에는 페르시아양식의 코트를 입은 樂人<sup>악인</sup>행렬이 묘사되었다(그림 III-104 · 105).

그림 III-106은 바둑을 두는 당나라 미인을 묘사한 것으로, 여성의 복장은 이전에 보였던 전형적인 당나라 여성의 복장과 다르지 않다. 그림 III-107는 비단에 그린 호복미인이며, 복장은 옷깃을 페르시아풍으로 젖히고, 옷깃과 袖口<sup>수구</sup>에는 화려한 寶相華文<sup>보상화문</sup>의 자수가 놓여 있다. 가는 눈, 머리 형태, 화장 등에는 당대 중국여성과 공통점이 나타나는 동서의 복합양식을 보여주는 작품의 하나이다. 또, 그림 III-108 · 109 등의 옷을 입힌 타입의 인형과 木偶<sup>목우</sup>는 소박하지만, 서역에서 유행하던 복장이 상징적으로 보인다.

그림 III-110 · 111 · 112는 모두 당삼채에 보이는 서역 풍속으로, 호복기마의 여성이나 낙타를 탄 胡人像<sup>호인상</sup> 등, 이미 남북조시대 이래로 등장하여,

| 그림<br>III-106 | 그림<br>III-107 | 그림<br>III-108 | 그림<br>III-109 |
|---|---|---|---|

〈그림 III-106〉 바둑두는 여성(唐) 신강 위구르 자치구 뚜르판 출토    주색포에 영건을 걸친 당대의 상류여인이 바둑을 두고 있는 모습의 경화의 일부. 머리는 고계에 花鈿을 꾸민 전형적인 당대미인을 나타냈다.

〈그림 III-107〉 호복미인의 絹畫(唐) 신강 위구르 투르판 출토    같은 투르판 유적에서 오타니 탐험대가 발견한 비단 그림. 그림 104와 대칭적으로 이란스타일의 호복을 입은 중국계 미인이 묘사되었다. 머리모양은 말아 올린 특별한 驚鵠鬐, 진홍색의 호복 칼라, 소매는 아름다운 연꽃문의 지수, 얼굴은 화전, 구지, 홍분, 반월형 등 당대 화장의 샘플이다.

〈그림 III-108〉 의상을 입은 인형(唐) 신강 위구르 자치구 ·투르판출토此ㅂ齒쁞出土    나무심(木芯)에 진흙 칠을 하여 채색한 塑像에 의상을 입힌 인형이다. 연주문 상의, 적황 2색의 줄무늬 스커트를 입고 오른쪽 어깨에 半臂를 걸친 진귀한 유품이다.

〈그림 III-109〉 塑造 唐美人(唐) 중국 · 旅大博物館    그림 III-102와 같은 소조인형의 얼굴, 머리는 땋아 겹층으로 올린 고계이다. 얼굴에 花鈿을 장식한 당나라 미인의 모습으로, 오타니 탐험대가 서역 아스타나 부근에서 발견한 것이다.

| 그림<br>III-110 | 그림<br>III-111 | 그림<br>III-112 |
| --- | --- | --- |

〈그림 III-110〉 기마인물의 당삼채(唐)　주색 두건을 쓰고 진홍색 의복을 입은 기마인물은 胡姬로 보인다. 케이프형태의 上衣 밑으로 좁은 소매의 검은색 옷(통수상의)이 보인다.

〈그림 III-111〉 호복기마의 여성(당) 미국・넬슨Nelson 美術館　당삼채의 하나로 녹색 호복을 입은 여성의 기마자세로, 용모는 중국인이며 쌍계에 긴눈썹을 그렸다. 당시 상류 부인간에는 승마가 유행한 것을 증명하는 자료이다.

〈그림 III-112〉 낙타를 탄 악단(唐) 섬서성・서안고분 출토　서안 부근의 당나라 묘에서 출토된 부장품의 하나이다. 출중한 당삼채로 낙타를 탄 호인 악단의 행렬 인물 중의 1인이다. 비파를 타며 호적을 부는 사람, 모든 樂人의 복장은 호복이며 낙타의 안장은 아름다운 이란풍의 융단이다.

홀륭한 표현기법에 의한 복식자료는 더욱더 풍부하게 되었다. 그림 III-113은 晩唐<sup>만당</sup>의 화가 周肪<sup>주방</sup>의 「蠻夷執貢圖<sup>만이집공도</sup>」이며, 수염을 기른 페르시아인이 산양을 공물로 끌고 오는 그림으로, 이러한 풍경은 수도인 장안의 거리에서 볼 수 있었을 것이다. 그림 III-114는 당태종의 陵墓昭陵<sup>능묘소릉</sup> 석각화이고, 태종의 武將<sup>무장</sup> 丘行恭<sup>구행공</sup>이 말에 꽂힌 화살을 뽑고 있는 장면이다. 구행공은 突厥<sup>돌궐</sup>인으로, 당나라 군사의 무장으로서 돌궐인이 중요하게 이용되었다. 이 복장은 胡帽<sup>호모</sup>, 胡服<sup>호복</sup>에 長靴<sup>장화</sup>를 착용한 모습으로 전형적인 유목기마민족의 복장을 나타내고 있다.

| 그림<br>III-113 | 그림<br>III-114 |

〈그림 III-113〉 산양을 끄는 호인(唐) 대만·고궁박물원 당대의 화가 周肪이 그린 '蠻夷執貢圖'로 짙은 턱수염을 길게 기른 이란계 胡人이 산양을 공물로 끌고 가는 장면이다. 옷자락이 긴 호복과 가죽 혁대, 장화를 신은 전형적인 호복 스타일이다. 당시 장안에는 이와 같은 호인들의 풍속이 유행하였다.

〈그림 III-114〉 능묘소릉 석각화(당)

염직 문양에 보이는 동서의 교류

사산조 시대의 문양에는 수렵문과 連珠文<sup>연주문</sup>, 双獸文<sup>쌍수문</sup> 등이 많이 보이는데, 그림 III-115는 4세기경의 銀皿<sup>은명</sup>으로, Shāpūr II<sup>사푸루2세(309-379)</sup>의 수

렵도가 부조되어 있다. 이 수렵문은 일본의 法隆寺<sup>법륭사</sup>의 錦<sup>금</sup>직물(그림 Ⅲ-116)에도 보이는데, 그림 Ⅲ-117은 로마교회에 남아있는 사산조 금직물의 유물로, 環狀文<sup>환상문</sup> 가운데 靈鳥<sup>영조</sup>가 보인다. 새의 머리 주변의 문양은 연주문이며, 連珠双鳥文<sup>연주쌍조문</sup>, 連珠双獸文<sup>연주쌍수문</sup>은 투루판의 출토품(그림 Ⅲ-118 · 119 · 120 · 121) 등에서도 확인되며, 大谷<sup>오타니</sup> 탐험대가 발견하였던 유명한 天馬錦<sup>천마금</sup> 등도 그 가운데 하나이다.

최근의 출토품으로 Astana<sup>아스타나</sup>에서 발견된 二角獸文錦<sup>이각수문금</sup>(그림 Ⅲ-122)과 方格動物文錦<sup>방격동물문금</sup>(그림 Ⅲ-123) 등이 있는데, 모두 経錦<sup>경금</sup>으로 남북조시대에 생산된 것이며, 페르시아 緯錦<sup>위금</sup>의 기법이 중국에 전하여 진 것은 당나라 이후가 된다. 그림 Ⅲ-124의 녹색의 수렵문紗<sup>사</sup>는 당나라의 직물로, 臘纈<sup>납힐</sup> 기법에 의해 염색된 平絹<sup>평견</sup>의 일종이다. 중국의 錦<sup>금</sup>은 漢<sup>한</sup>대 이후에 四川省<sup>사천성</sup>에서 만들어지는 蜀錦<sup>촉금</sup>이 유명했는데, 法隆寺<sup>법륭사</sup> 유품에도 남아있는 蜀江錦<sup>촉강금</sup>(그림 Ⅲ-125)은 남북조 말기에 일본으로 전하여진 것이다.

사산조가 멸하고, 사라센시기에 이르면, 이러한 염직문화는 사산조 기법을 계승한다. 당나라의 중국기술이나 문양을 도입하여, 이집트에서 발달하였던 copt織<sup>코부토직</sup>의 기술과 인도의 絣織<sup>병직</sup>의 기법을 새로 입수하여 사산조 이상으로 고도의 발전을 보였다. 직물에 사용되었던 신기술은 깔개나 벽걸이에도 응용되었고, 이슬람의 독특한 기하학 문양이나 식물 문양과 조합되어 세계적인 Shirāz<sup>시라즈</sup>의 紗<sup>사</sup>와 アッターブ<sup>앗타브</sup>의 縞<sup>호</sup>, Kūfa<sup>쿠파</sup>의 견직물 등의 완성되어져 緯錦<sup>위금</sup>의 기법은 한층 더 발달하였다.

서역에서 발견되는 염직품에는 사라센제와 중국제의 확실한 구별은 거의 어렵다. 현지에도 어느 정도의 염직품은 생산되어졌을 것이라고 생각되고, 그 대부분이 중국이나 이란의 직물공장에서 만들어졌던 것인데, 기법이나 문양의 차이는 거의 없다. 그 정도로 사라센과 당의 염직문화에는 공통되는 점이 있다.

| 그림<br>Ⅲ-115 | 그림<br>Ⅲ-116 | 그림<br>Ⅲ-117 |
|---|---|---|
| 그림<br>Ⅲ-118 | 그림<br>Ⅲ-119 | 그림<br>Ⅲ-120 |

〈그림 Ⅲ-115〉 수렵하는 이란왕(4세기) 소련 · 에르미타주박물관　사산조페르시아의 샤푸르Shapur 2세(309-379)의 수렵 장면을 浮彫한 은그릇이다. 獅子수렵문의 대표작으로 왕의 복장은 襖이 있는 卷衣이고 바지와 같이 보이는 것은 권의 자락이 발목에 감긴 것으로 보인다.

〈그림 Ⅲ-116〉 獅子狩文錦(7세기) 奈良 · 法隆寺　연주문 가운데에 사자를 사냥하는 사천왕이 보인다. 좌우상하에 대칭으로 사자를 표현한 유명한 법륭사 錦으로, 사산조 양식이 여실히 드러나고 있다. 제직 기법은 사산조에서 전해온 緯錦으로 말의 복부에 山, 吉의 글자로 보아 唐朝의 작품인 것으로 생각된다.

〈그림 Ⅲ-117〉 鳥文錦(6-7세기) 이탈리아 · 바티칸도서관　유럽 교회에 전승되어오는 사산조 직물유품이다. 圓環文 가운데 靈鳥를 직조하였고 새의 머리 주위에는 사산조 특유의 連珠文이 보인다.

〈그림 Ⅲ-118〉 連珠對鳥文錦(初唐) 신강 위구르 자치구 · 투르판 출토　갈홍색, 金茶色, 백색의 3색 색사를 사용하여 짠 중국 전통 經錦으로 타원형 연주문에는 2마리의 공작이 마주보고 있는 연속 문양이다. 중국에 위금 기법이 전해진 것은 당나라 중기이므로, 초당 이전 수대, 남북조 즈음의 작품으로 보인다.

〈그림 Ⅲ-119〉 花樹對鹿文錦(唐) 신강 위구르 자치구 · 투르판 출토　오타니 탐험대가 투르판유적에서 발견한 唐錦의 하나로, 연주문의 樹下雙獸文을 표현한 양식은 이란 문양의 특색이며, 圓文 가운데 '花樹對鹿'이라는 명문이 있어 중국산이라는 것이 확실하며 금직 기술은 緯錦이다.

〈그림 Ⅲ-120〉 連珠熊頭文覆面(唐) 신강 위구르 자치구 · 투르판 출토　연주문 가운데에 곰의 머리 문양을 넣어 직조한 錦으로 만든 面衣로, 죽은 사람을 악령으로부터 보호하는 의미를 지니고 있으며 面衣의 주위 천으로는 平絹의 紗를 사용하였다.

| 그림<br>Ⅲ-121 | 그림<br>Ⅲ-122 | 그림<br>Ⅲ-123 |
|---|---|---|
| | 그림<br>Ⅲ-124 | 그림<br>Ⅲ-125 |

〈그림 Ⅲ-121〉 페가서스錦(唐) 東京·龍谷대학   大谷탐험대가 투르판부근 마르톡Martok에서 발견한 唐錦의 잔편. 연주문 가운데에 천마 페가서스의 문양을 직조한 위금으로 페가서스 문양의 모티프는 멀리 이집트, 비잔틴과 그리스까지 이어진다.

〈그림 Ⅲ-122〉 二角獸文輕錦(南北朝) 신강 위구르 자치구·아스타나 출토   황, 남, 홍, 록, 백의 오색사의 평조직 經錦이다. 문양은 그림 왼쪽 券雲狀의 괴수문과 오른쪽 꼬리 아래의 사자문과 중국의 전통적인 菱文의 조합이다.

〈그림 Ⅲ-123〉 方格動物文輕錦(南北朝) 아스타나 출토   남북조시대의 경금의 일종으로, 격자 문양에 소, 사자와 코끼리의 세 종류의 동물 문양이 직조되었다.

〈그림 Ⅲ-124〉 狩獵文綠紗(唐) 아스타나 출토   녹색 薄手 평견 바탕에 褐纈染으로, 작은 수렵문이 염직된 당나라 비단의 한 종류인 紗이다.

〈그림 Ⅲ-125〉 蜀江錦(隋·初唐) 나라·법륭사   촉은 중국 사천성에 흐르는 蜀江의 주변으로 漢代부터 錦의 생산지로 유명하다. 이 촉강의 錦은 법륭사에 전하여진 經錦이고, 수나라에서 초당 시기에 중국에서 증여된 것으로 보인다.

그림 Ⅲ-126은 Turfan투르판에서 출토된 寶相華文錦보상화문금의 履리인데, 이와 똑같은 문양이 正倉院정창원 御物어물 중에서, 繡線鞋수선혜와 직물로는 보상화문금에도 남아있다(그림 Ⅲ-127). 그림 Ⅲ-128은 河南省하남성 洛陽낙양의 당나라묘에서 발견된 螺鈿象嵌나전상감의 文鏡문경으로, 이와 동일한 수법이 그림 Ⅲ-129·130의 정창원의 비파에도 사용되어졌다. 사라센과 당의 문화가 결합한 동서문화교류의 말단은 일본에도 영향을 미쳤다.

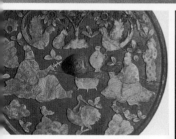

| 그림 Ⅲ-126 | 그림 Ⅲ-127 | |
|---|---|---|
| 그림 Ⅲ-128 | 그림 Ⅲ-129 | 그림 Ⅲ-130 |

더구나, 일본의 飛鳥<sup>아스카</sup>, 奈良<sup>나라</sup> 시대의 복식양식이 중국의 수, 당시대의 양식이었던 것은 일본복식사에도 설명하고 있으며, 그림 Ⅲ-131의 天壽國繡帳<sup>천수국수장</sup>이나 그림 Ⅲ-132의 高松塚<sup>다카마츠</sup>고분벽화에 보이는 7세기의 것은 더욱 조선 삼국시대의 복장에 가깝고, 8세기의 유명한 鳥毛立女屛風圖<sup>조모립여병풍도</sup> 혹은 그림 Ⅲ-133의 吉祥天女像<sup>길상천녀상</sup>의 제작 시기에 최초로 중국의 唐代<sup>당대</sup> 복장이 보이는 것에 주목하여야 한다.

| 그림<br>Ⅲ-131 | 그림<br>Ⅲ-132 | 그림<br>Ⅲ-133 |
| --- | --- | --- |

〈그림 Ⅲ-131〉 天壽國繡帳(飛鳥時代) 나라·中宮寺 聖德太子를 공양하기 위하여 부인인 橘女郎이 만들었다고 전하는 유명한 천수국수장. 몇 명의 인물은 자수가 되어있으나 그 복장은 짧은 통수 상의에 裳을 입었다. 裳의 아래에는 袴를 입고 낮은 신발은 고구려의 벽화에도 보이는 인물과 매우 흡사하다.

〈그림 Ⅲ-132〉 高松塚女人像(白鳳時代) 나라·고송총고분벽화 나라현 명일향촌의 고송총 고분에서 발견된 서벽면의 부인상. 얼굴을 가리는 團扇, 翳와 여의주를 든 시녀의 복장은 적·황·녹·백 4색의 상의를 입고 폭이 넓은 줄무늬 裳을 입었다 垂髻를 하고, 가는 벨트를 매어 내렸다. 이러한 복장은 고구려복장과 거의 同型이며 천수국수장의 복장과도 공통적이다.

〈그림 Ⅲ-133〉 吉祥天女像(나라시대) 나라·藥師寺 성긴 麻布에 그려진 길상천녀의 모습으로 둥근 光背寶珠를 손에 들고 있는 천녀의 자세가 그려져 있다. 복장은 당대 귀부인의 禮裝으로 五彩刺繡가 된 胞衣와 가슴까지 裳을 올려 입고 폐슬과 領巾을 걸치고 머리에 簪花를 꽂았다.

# 제4장
## 근세전기의 복식

# 1. 宋송대의 복식

五代오대의 복장

삼국시대에서 당의 붕괴까지 약 700년간 중국의 중세기는 귀족 중심의 문화에서 국제적 문화로 발전하였다. 당제국은 이란 문화와 이슬람 문화와의 교류에 의해서 세계 문화의 용광로 역할을 담당하였는데, 당의 멸망[907] 후 중국 주변의 이민족은 연이어 반란을 일으켜 한민족의 지배에서 탈출하고자 하였다. 몽골계의 거란인은 만주로 진출해서 발해국을 멸하였고, 티벳계의 토번이 서역으로 진출하여 토번 왕국을 세웠으며, 투르크계의 위구르족은 準噶爾중가리아에서 天山山脈천산산맥 남서부 일대까지 세력을 떨쳤다. 중국 한인의 지배권은 겨우 황하와 양자강 유역에 미치었다.

이러한 가운데 중원에서는 後粱후량, 後唐후당, 後晋후진, 後漢후한, 後周후주 등

〈표 Ⅳ-1〉근세전기 참고년표

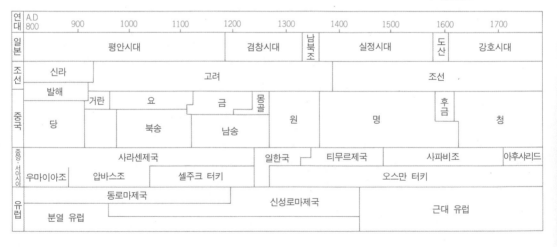

비욘드 코스튬Beyond Costume 동양복식사

의 다섯 왕조가 흥망을 되풀이 하였고, 당대의 귀족사회는 완전히 붕괴하여, 귀족의 문화는 서민의 문화와 뒤섞여 변모하게 되었다. 바로 근세의 개막이었다. 이러한 오대의 흥망성쇠를 중국 중세의 후기로 혹은 근세의 전기로 편입시키는 것에 대해서는 이론이 분분하지만, 중국의 르네상스라는 관점에서 이 시기부터를 편의상 근세라고 명명하고자 한다.

五代<sup>오대(907-960)</sup>의 복장은 제도상으로 두드러진 개정은 없었고, 後唐<sup>후당</sup> 明宗<sup>명종</sup>의 즈음에 일부 개정이 있었는데, 그 대부분이 당대의 제도를 계승한 것이었다. 그러나 민간의 복장에는 종래에 없던 변화가 나타났다. 예를 들면, 纏足<sup>전족</sup>의 풍습은 이 무렵부터 한민족 사회에 유행하였고, 또한 유목민의 습속인 변발이 한민족 사회에도 행해지게 되었다. 「帝王圖卷<sup>제왕도권</sup>」의 후당의 천자 莊宗<sup>장종</sup>의 초상화를 보아도 藍袍<sup>남포</sup>, 玉帶<sup>옥대</sup>에 折上巾<sup>절상건</sup>의 간소한 것으로 당대의 제도와 거의 변화가 없다(그림 Ⅳ-1).

그림 Ⅳ-2는 周文矩<sup>주문구</sup>의 작품으로 전해지는 오대시기의 宰相<sup>재상</sup> 韓熙載<sup>한희재</sup>

| 그림 Ⅳ-1 | 그림 Ⅳ-2 |

〈그림 Ⅳ-1〉 後唐 莊宗의 肖像(五代) 대만·고궁박물원 "역대제왕도" 가운데 한 폭이다. 오대 후당의 건국자 장종의 초상. 黑色折上巾에 남포, 옥대를 맨 조복의 모습이다. 후세의 상상화이지만 당대의 복제는 오대에 들어서도 잠시 계속되었다.

〈그림 Ⅳ-2〉 관인야연도 (오대)

의 「夜宴圖<sup>야연도</sup>」로 주인공의 복두 스타일이나 비파를 타는 부인의 복장이 당대 그대로의 모습이다. 그림 IV-3은 궁정 악인의 군상으로 가슴높이 올려 입은 襦裙<sup>유군</sup>의 복장은 盛唐<sup>성당</sup>부터 晩唐<sup>만당</sup>의 양식의 연장선상에 있는 것을 볼 수 있다. 그림 IV-4의 丘文播<sup>구문파</sup>의 「文會圖<sup>문회도</sup>」는 느슨한 심의에 가사를 걸친 문인들과 소사들이 유군을 착용한 모습을 묘사하였는데, 겨우 당나라 양식으로부터 변화되고 있는 징조가 보이고 있다. 그림 IV-5는 敦煌<sup>돈황</sup>벽화의 일부로 주인공이 朱袍<sup>주포</sup> 위에 흑색의 外袍<sup>외포</sup>를 입고 있는 복장에서도 당대로부터의 탈피를 엿볼 수 있다.

| 그림 IV-3 | 그림 IV-4 |
| | 그림 IV-5 |

〈그림 IV-3〉 宮女樂人의 그림(五代) 대만 · 고궁박물원 五代화가에 의하여 그려진 궁녀악인의 군상이다. 후방의 어린소녀는 朱色袴에 唐袍를 입고 대를 느슨하게 맨 미즈라 헤어스타일이다. 앞에 앉은 4인은 잔을 기울이고 箏을 불기도하고 모두 短襦와 가슴까지 올려 입은 군과 영건을 어깨에 걸치고 고계에 잠화를 꽂았다. 당대후기복장이 5대에도 계속되고 있음을 알 수 있다.

〈그림 IV-4〉 문인들의 모임(五代) 대만 · 고궁박물원 오대의 화가 丘文播가 그린 文會圖. 문인들이 모여 시문을 경연하는 회합. 상투를 小巾으로 싸매고 장포위에 가사를 두른 문인들의 모습에서 점차 당대에서 송대로 이행되어지는 것이 보이고, 双髻에 자루모양의 長裙을 입은 召使와 소녀 후방의 襦裙을 입은 시녀의 복장에서도 당풍 이탈의 경향이 보인다.

〈그림 IV-5〉 기마출행도(당말~오대) 프랑스 · 기메 Guimet 박물관 프랑스의 뻬리오가 갖고 온 돈황 벽화의 일부 주인공과 시종 모두 함께 말을 타고, 주인공은 주포와 녹선을 두른 흑색 겉옷을 걸치고 관을 썼다. 시종은 복두를 쓰고 唐服에 대를 매고 장화를 신었다. 손에 든 것은 햇빛을 가리기 위한의 천개솔로 생각된다.

그림 IV-6은 서역의 오아시스 국가, 于闐<sup>우전</sup> 국왕이 자신과 부인의 盛裝<sup>성장</sup>을 돈황 벽화에 그리도록 한 것으로, 이즈음의 서역은 이미 당의 지배로부터 벗어나 있었으나, 오아시스 국의 왕들은 스스로 중국 황제를 본뜬 袞冕<sup>곤면</sup> 착용의 성장을 묘사시키었다.

그림 IV-7도 마찬가지로 돈황 벽화 중의 「樂夫人供養圖<sup>악부인공양도</sup>」로 盛唐<sup>성당</sup> 시기의 귀족의 풍속이 그대로 재현되어 있으나, 그림 IV-8인 「供養者圖<sup>공양자도</sup>」를 보면, 唐代<sup>당대</sup>와 같은 樹下美人<sup>수하미인</sup>의 구도이나, 双環髻<sup>쌍환계</sup>의 소녀를 표현하고, 帶<sup>대</sup>는 짧게 매고, 領巾<sup>영건</sup>도 두르지 않았다. 그림 IV-9는 오대의 10세기 전반의 작품으로, 대나무에 쌓인 눈경치를 배경으로 하여 簑笠<sup>사립</sup>을 쓴 낚시꾼의 모습은 일본의 풍물이라 하여도 부자연스럽지 않다.

〈그림 IV-6〉 우전왕부처
(돈황벽화그림)

〈그림 IV-7〉 낙부인공양도(돈황벽화)
〈그림 IV-8〉 공양자소녀상(돈황벽화)
〈그림 IV-9〉 雪漁圖(五代) 대만·고궁박물원  작자는 미상이나 五代화가의 작품임은 확실하다. 큰 簑笠을 쓰고 蓑를 두른 낚시꾼과 대나무에 쌓인 설경은 중국남부의 풍물로, 일본화라고 하여도 부자연스럽지는 않다.

## 송대의 복식문화

당나라의 중세 장원경제시대가 끝나고, 五代오대 이후의 근세 상품경제시대를 맞아 중국각지에서 산업이 부흥하고 兵農병농 분리와 중세농노의 해방에 의한 새로운 소비계층이 생겨났다. 송의 태조가 당 이후의 분열체제를 통일하고(960년)(그림 IV-10), 중국에서는 50여 년만의 평화가 찾아오게 되자, 국내 산업뿐 아니라 외국무역도 성장하여, 산업무역의 중심지에는 대도시가 연이어 형성되었다.

송은 건국이후, 외국 정복보다도 내정의 충실에 힘을 쏟아, 漢代한대이래 중국 무역의 주역이었던 絹견의 생산을 장려하여, 四川省사천성의 蜀촉-成都성도에 국가가 경영하는 國營錦院비단 공장을 건립하고, 150대의 직기와 350명의 종업원을 두어, 실부터 직물까지 일관작업에 의하여 천하에 유명한 蜀錦촉금의 대량생산을 꾀하였다.

唐代당대에 유행했던 綴錦철금은 송대에 들어오면 刻子각자로

<그림 IV-10> 宋太祖의 半身像(宋) 대만·고궁박물원 "역대제왕도"의 하나. 송 초대의 태조(960-976)가 後周의 무장이었을 당시의 반신상이다. 녹색두건과 황포를 입은 늠름한 자세가 그려졌다.

<그림 IV-11> 刺繡가 있는 袈裟(宋) 교토·知恩院 羅로 平絹을 대어 자수한 九條袈裟의 일부. 동대사의 僧 重源이 송나라에서 가져와 스승인 法然上人에게 선물하였다고 전해진다. 현재는 병풍으로 덮어 보존하고 있으나, 宋代 자수유품으로서 매우 중요하다. 화면의 승려와 金翅鳥의 정교한 자수는 송대 염직기술의 높은 수준을 보여준다. 그림중의 송대 승려의복은 현재 일본 승려의복 그대로이다.

불리어, 진귀하게 여겨졌고, 刺繡<sup>자수</sup>는 蘇州<sup>소주</sup>의 蘇繡<sup>소수</sup>가 특히 유명하였다. 송대의 각자나 자수는 平安<sup>헤이안</sup> 시대의 일본에도 들어오게 되어 자수된 袈裟<sup>가사</sup>가 현재 京都<sup>쿄토</sup>의 知恩寺<sup>지은사</sup>에 남아 있다(그림 IV-11).

또한 북송 말 12세기에 들어오면, 先染<sup>선염</sup>의 朱子織<sup>주자직</sup>의 기술이 개발되어, 이미 漢代<sup>한대</sup> 이전부터 행하여지고 있던 平織<sup>평직</sup>, 綾織<sup>능직</sup>의 기술에 더해져 직물의 삼원조직이 완성되었다. 의복의 재료는 이전부터 있었던 마와 견에 목면이 더하여져 중국 각지에 보급되었다. 이미 唐代<sup>당대</sup>부터 인도나 중앙아시아로부터 수입된 목화[1]의 재배는, 서역이나 중국 남부에서 일부 행해져 왔는데, 麻<sup>마</sup>에 비하여 면적 당 수확도 많고, 紡糸<sup>방사</sup> 기술도 간단하며, 의복재료로서도 따뜻하고, 게다가 가볍다는 장점을 꼽을 수 있다. 면이 사용되기 이전의 방한용 솜옷으로는 상류사회에서는 풀솜(絮-真綿)이 사용되었으나, 일반서민은 마포나 갈포의 잔재 등을 사용하였다.

송대는 지방도시의 발달과 유통경제의 확대에 따라 지주나 豪商<sup>호상</sup>이 구귀족을 대신하는 신진세력으로 대두되었다. 한편 남북조시기에 신설된 과거제도의 강화로 일반서민들 중에서 새로운 관료가 양성되었고, 사대부 계급의 신진 계층이 형성되었다. 이와 같은 신흥 계층은 자유롭고, 인습에서 탈피된 새로운 문화를 생산하는 온상도 되었는데, 복식에 있어서도 당나라의 胡風<sup>호풍</sup> 예찬 풍조로부터 벗어나, 漢<sup>한</sup>민족 고유의 전통으로 복귀하려는 복고풍이 활발하였다. 다른 한편으로는 자유 해방적인 서민문화를 반영하는 뉴-모드도 탄생하였다.

예를 들어 종래 부인들의 신발 부리는 원형이었으나, 송대가 되면 앞이 뾰족한 작은 형태의 신발이 유행하게 되었다. 또, 부인의 이중 스커트 즉 上裳<sup>상상</sup>과 下裙<sup>하군</sup>은 당나라 시기에도 입혀졌으나, 송대가 되면 이 풍습은 널리 서민들 사이에도 보급되었다. 특히 성인 여성은 치마 아래에 랩 스커트 식의 속치마, 즉 下裙<sup>하군</sup>을 반드시 입게 되었다. 부인의 하의로 착용하

1) 당대에는 白疊<sup>백첩</sup>이라 불림.

는 袴<sup>고</sup>는 당나라까지는 앞뒤가 열린 잠뱅이 형식이었으나, 송대가 되면 앞 트임에 襠<sup>당</sup>을 붙여 앞트임이 없는 袴<sup>고</sup>의 구조를 만들어 내었다.

어린이의 裹肚<sup>과두</sup>도 송대부터 시작되었는데, 고급 견직물을 사용하여 金銀 糸<sup>금은사</sup>로 자수한 호화로운 것도 있고, 어른들도 裹肚<sup>과두</sup>를 착용하였다. 또한, 上衣<sup>상의</sup>의 위에 착용한 圓領<sup>원령</sup>이나 背心<sup>배심</sup>은 남녀 모두에게 유행하였다.

송대의 관리는 문무관 모두 원칙적으로 장화를 신고, 학생, 学監<sup>학감</sup> 등은 단화를 신었으며, 이러한 풍습은 淸代<sup>청대</sup>까지 계속되었다. 북송의 靖康<sup>정강</sup> 원년<sup>(1126)</sup>, 북방의 강국이었던 금나라를 회유하기 위해 막대한 양의 황금을 증여하였으므로, 고급관리가 상용하던 金帶<sup>금대</sup>를 犀帶<sup>서대</sup>로 대신하도록 명 하여 황금을 회수하려 한 적도 있었다.

## 송대의 복제

五代<sup>오대</sup>는 단명한 왕조가 난립했었기 때문에 관복제도 또한 정비되지 못하고, 당나라의 服制<sup>복제</sup>가 그대로 인습되었다. 송대에 들어와서도 잠시 당나라 제도에 근거하고 있었으나, 그 후 여러 번 개정하여 남송대에 이르러 복제는 상당히 변화하게 된다. 『宋史興服志<sup>송사여복지</sup>』에 의하면, 북송 시대의 주된 복제 개혁은 仁宗<sup>인종</sup> 景祐<sup>경우</sup> 2년<sup>(1035)</sup>, 神宗<sup>신종</sup> 元豊<sup>원풍</sup> 4년<sup>(1081)</sup>, 徽宗<sup>휘종</sup> 大觀<sup>대관</sup> 4년<sup>(1110)</sup>과 政和<sup>정화(1113~1125)</sup> 년간의 4차례에 걸쳐 행해졌는데, 수도를 남쪽으로 천도한 남송대에는 高宗<sup>고종</sup> 紹興<sup>소흥</sup> 4년<sup>(1134)</sup>에 한 번만 행하여졌다.

송대의 복제는 대개 다음과 같다.

### 천자의 冠服<sup>관복</sup>

大裘冕<sup>대구면</sup>은 天平冠<sup>천평관</sup>이라고도 한다. 衰冕<sup>곤면</sup>이 있고 通天冠<sup>통천관</sup>은

承天冠<sup>승천관</sup>, 絳紗袍<sup>강사포</sup>를 병용한다. 折上巾履袍<sup>절상건리포</sup>는 제복의 경우에 履<sup>이</sup>를, 朝服<sup>조복</sup>의 경우에는 靴<sup>화</sup>를 착용한다. 折上巾衫袍<sup>절상건삼포</sup>는 통상조복이며, 折上巾窄袍<sup>절상건착포</sup>는 집무시의 조복으로 袴褶<sup>고습</sup>을 입는다. 御閱服<sup>어열복</sup>은 閱兵<sup>열병</sup>시의 군복이다(그림 IV-12 · 13).

〈그림 IV-12〉宋太宗 立像(宋) 대만 · 고궁박물원
고궁에 전하여지는 역대제왕도의 하나. 송 2대 황제 태종(976-997)의 초상화 廣袖黃袍를 입고, 硬脚으로 된 皂紗切上巾을 쓰고, 緋色玉帶에 烏鞾(흑피화)를 신은 조복차림이다.

〈그림 IV-13〉宋仁宗 坐像(宋) 대만 · 고궁박물원
역대제왕도의 송나라 인종 황제(1023-1063)가 조복차림으로 옥좌에 앉아있는 초상. 絳紗(적색 사)포, 옥대, 烏鞾, 硬脚幞頭 차림이며 아래쪽으로 중의의 백색 깃부분이 보인다.

## 황태자 이하 문무관의 관복

袞冕<sup>곤면</sup>은 황태자의 제복이며, 冕服<sup>면복</sup>은 문무관의 제복이다. 進賢冠<sup>진현관</sup>은 문무관의 조복으로 7계급이 있다. 貂蟬冠<sup>초선관</sup>은 籠巾<sup>농건</sup>이라 별칭하는 것으로 진현관의 위에 쓴다. 獬豸冠<sup>해치관</sup>은 御使<sup>어사</sup>의 복장이다. 그리고 품급별 복색은 3품 이상은 자색, 4~5품은 주색, 6~7품은 청색이었다.

남송대에 이르러 과거에 합격한 사람은 사대부로서 귀족 계급이 될 수 있었는데, 그 복장에는 深衣<sup>심의</sup>, 紫衫<sup>자삼</sup>, 涼衫<sup>양삼</sup>, 帽衫<sup>모삼</sup>, 襴衫<sup>난삼</sup>의 5종류

가 있었다(그림 IV-14 · 15). 孝宗<sup>효종</sup>의 淳熙<sup>순희(1174-1189)</sup> 년간에는 朱子<sup>주자</sup>의 奏
請<sup>주청</sup>에 따라 사대부의 관혼상제에 대한 복제를 정하였는데, 관위가 있는
사람은 복두에 홀을 들고 進士<sup>진사</sup>는 복두에 襴衫<sup>난삼</sup>, 處士<sup>처사</sup>는 복두에 皂衫
<sup>조삼</sup>, 관위가 없는 사람은 帽子<sup>모자</sup>에 衫<sup>삼</sup>으로 정하였다.

| 그림 IV-14 | 그림 IV-15 |
| --- | --- |

〈그림 IV-14〉蘇東坡의 초
상화(宋) 대만 · 고궁박물원
원대의 인물화가 趙孟頫가
그린 송대의 대학자 소동파
의 초상화. 송대 사대부의
상복인 흑색선을 두른 深衣
와 細帶 그리고 東坡巾에,
죽장을 짚고 있다.

〈그림 IV-15〉송대의 士大
夫(宋) 대만 · 고궁박물원
작자불명으로 송대의 絹本
畵로 거실에서 느긋하게
쉬는 사대부의 일상을 묘
사한 것. 주인공의 복장은
복두, 심의, 폭이 넓은 상
을 입고 차를 따르는 小吏
는 장유에 대를 맸다. 宋代
에 들어서면 복장은 복고
조가 되고 唐代의 호풍양
식이 쇠퇴하여 漢代의 심
의류가 부활하고 있음을
보여준다.

심의는 사대부의 관혼상제나 사교복으로 널리 통용되었다. 周<sup>주</sup>대부터
한민족의 상징적인 복장이었던 심의는 남송에 들어와 신흥귀족 사대부 계
급의 유니폼으로서 재현되었다.

송대의 궁정부인의 복제도 남자와 마찬가지로 자주 개정되었지만, 기본
적인 것은 당나라의 제도에 따랐으며 당대에 비해서 그 장식이 섬세하여졌
고 디자인은 협소한 것에서 관대함으로 이행되었는데, 부인의 관복은 대략
다음과 같다.

황태후, 황후의 관복은 褘衣<sup>위의</sup>, 朱衣<sup>주의</sup>, 禮衣<sup>예의</sup>, 鞠衣<sup>국의</sup>가 있고 황태후,
황후의 위의에는 특별히 龍鳳花釵冠<sup>용봉화채관</sup>을 썼다(그림 IV-16 · 17).

〈그림 IV-16〉 宋 眞宗皇后 坐像(宋) 대만·고궁박물원 3대 진종(998-1022)의 황후 이씨의 초상화, 얼굴에 강사를 드리우고 九龍華釵冠, 白珠가 장식된 耳飾, 紫色紺地에 雉群을 금사로 자수한 褘衣(황후 최고의 예복)를 입고 玉環帶와 尖頭履의 제1급 예장이다.

〈그림 IV-17〉 宋 哲宗皇后 半身像(宋) 대만·고궁박물원 송의 철종(1086-1100)의 황후 맹씨의 소복 착용 초상화, 흑색선을 두른 감색 筒袖袍衣에 장식은 없다. 頭髮도 素髺로 장식이 없다.

황태자비의 관복은 褕翟<sup>유적</sup>, 주의, 예의, 국의가 있고, 命婦<sup>명부</sup>의 관복은 翟衣<sup>적의</sup>, 주의, 예의, 국의 등이다.

## 송대의 복식자료

송대의 복식 자료는 풍속화 등의 미술자료가 상당량이 남아 있다. 그림 IV-18은 張擇端<sup>장택단</sup>이 그린 「淸明上河圖卷<sup>청명상하도권</sup>」의 일부로, 북송의 수도 汴京<sup>변경</sup>-開封<sup>개봉</sup>의 번영한 모습을 그린 그림으로 여러 직분의 상인과 장인, 관리, 승려들을 묘사하고 있다. 그림 IV-19는 원대의 화가 錢選<sup>전선</sup>의 「招涼仕女圖<sup>초량사녀도</sup>」로 궁녀의 복장에도 당대와 분위기가 다른 관대한 袍衣<sup>포의</sup>가 그려져 있다. 또 그림 IV-20 李唐<sup>이당</sup>의 「灸艾圖<sup>구애도</sup>」, 그림 IV-21 李嵩<sup>이고</sup>의 「市担嬰戲圖<sup>시단영희도</sup>」, 그림 IV-22 蘇漢臣<sup>소한신</sup>의 「秋庭戲嬰圖<sup>추정희영도</sup>」 등은 모

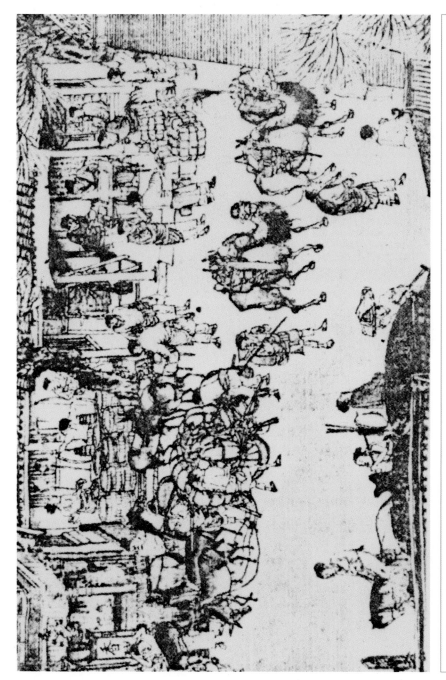

| 그림<br>IV-18 | 그림<br>IV-19 | 그림<br>IV-20 |
| | 그림<br>IV-21 | 그림<br>IV-22 |

〈그림 IV-18〉 수도의 번성
(宋)

〈그림 IV-19〉 長袍를 입은
궁녀(宋) 대만·고궁박물원
원대의 화가 錢選의 작품으
로 宋代 궁녀를 그린 것이
다. 주인공 여자는 꽃무늬
가 있는 下衣와 진홍색 얇은
絹袍를 걸치고 머리에 적색
리본을 매고, 큰 부채를 든
시녀는 長襦에 요대를 맸
다. 땀을 씻고 수건을 들고
있는 시녀는 미즈라머리 모
양에 窄袍를 입었다. 궁녀
가 시원한 여름을 나는 풍속
을 묘사하였다.

〈그림 IV-20〉 구애도(炙
芮圖)(宋) 대만·고궁박물
원 송대 사회파의 화가
李唐의 작품으로 하층사
회의 생활과 풍속을 잘 묘
사한 그림. 노인에게 구운
고기를 드리는 것. 가난한
서민의 복장생활이 잘 표
현되어 있다. 이 그림은
건륭황제의 御物이다.

〈그림 IV-21〉 완구를 파
는 남자(宋) 대만·고궁박
물원 송대의 인물화가 李
嵩의 작품. 어린이의 장난
감을 파는 행상과 이를 쫓
아가는 어린이들과, 우유
를 먹는 아이를 안고 있는
엄마도 있는 등 가난한 서
민의 풍속이 잘 보인다.

〈그림 IV-22〉 놀고있는
아이들(宋) 대만·고궁박물
원 송대의 화가 蘇漢臣의
작품. 뜰에서 노는 형제인
듯. 형은 白色交襟 상의에
빨간 벨트를, 머리에는 녹
색 헤어밴드를 띠고, 동생
은 무늬가 있는 바지와 짧
은 朱色상의를 입고 앞머
리만 남겨 놓은 아동머리
모양이다. 상류계급 아동
의 복장이며 앞의 그림들
과 비교할 때 빈부의 차가
극단적으로 보인다.

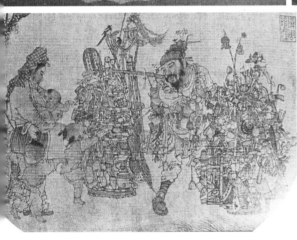

두 송대의 화가가 그린 백성들의 풍속으로, 가난한 하층 사회의 남녀, 아이들의 복장이 상류 계급의 아이들의 복장이 비교되어 흥미롭다.

그림 IV-23은 돈황에서 발견된 송대 초기의 회화로, 남녀 관리들의 복장에는 아직 당대의 모습이 남아 있다. 이태리 밀라노 박물관 소장의 비단에 그려진 송나라 道士<sup>도사</sup>의 모습은 복두의 한 종류인 道冠<sup>도관</sup>에 품이 넓은 道服<sup>도복</sup>으로 성장한 차림이다(그림 IV-24). 새로 발견된 자료로는 그림 IV-25에 보이는 송나라 묘의 벽화도 있는데, 河南省<sup>하남성</sup> 白沙鎭<sup>백사진</sup>에서 발견된 북송

그림 IV-23

그림 IV-25

그림 IV-24

〈그림 IV-23〉 觀音曼茶羅圖(宋) 영국·대영박물관 영국 스타인이 돈황에서 발견한 송대 초기 연호가 있는 회화. 공양하는 남녀 고급관리 모습의 만다라로, 남자는 흑포에 展脚幞頭를 쓰고, 여자는 華模樣의 포위에 예배용 法衫을 입고 머리는 화려하게 꾸미었다.

〈그림 IV-24〉 송대의 道士(宋) 이태리·밀라노박물관 도교의 사제를 도사라 하며 도교는 당에서 비롯하여 송대에 이르기까지 성행하였다. 도사는 도관과 도복을 입고 도관의 전면에는 자수가 있다. 제의용으로 착용되는 최고의 복장이며 領佩가 달려 있다.

〈그림 IV-25〉 부부묘벽화(송)

<그림 IV-26> 목판화

말기의 것으로 피장자의 생전의 일상생활이 묘사되어 있어 송대의 복장 자료로서 매우 귀중하다.

그림 IV-26은 西夏<sup>서하</sup>의 옛 도시 Kharahot<sup>하라호토</sup>에서 발견된 통속 소설책의 첫머리 그림에 사용된 목판화로, 그려진 복장은 당대의 궁정 부인처럼 보이는데 송대에 발견된 인쇄기술을 증명하는 자료로서 특히 중요하다.

회화 이외의 복식자료로는, 당삼채 정도는 아니나 송대 묘에 부장된 宋三彩俑<sup>송삼채용</sup>이나 산서성 大原<sup>대원</sup>에서 발견된 聖母殿<sup>성모전</sup>의 시녀의 塑像<sup>소상</sup> 같은 것이 남아 있고, 또 염직물 자료로는 일본의 족자나 차 도구, 가사 등의 名物<sup>명물</sup>조각 중에도 송대의 작품이 상당수 전해지고 있다.

# 2. 중국 주변 민족의 복식과 元원대의 복식

## 거란, 遼요대의 복식

거란은 중국 동북부를 거점으로 한 몽골계의 유목기마민족으로, 916년 당의 쇠퇴에 편승해 독립하여 거란국을 세웠다. 가장 전성기 때의 지배권은 동몽고를 중심으로, 남쪽으로는 河北하북, 山西산서를 넘고, 동으로는 발해를 멸하여 연해주에 미치고, 서쪽으로는 타림 분지의 입구까지 진출하였다. 947년 開封개봉에 입성하여 국호를 遼요로 바꾸고, 송태조에 의해 한때 동북으로 쫓겨나서 遼陽요양을 수도로 정하였다. 송의 眞宗진종 景德경덕 원년(1004)에 요는 대군을 이끌고 송에 침입하여 송나라 군사가 패함으로 유명한 澶淵전연의 맹2)을 맺었다. 이 맹약 화의의 조건으로 송에서 매년 비단 20만 필과 銀은 10만 냥을 요나라에 보내게 되며, 이 약속은 후에 더 늘어나 북송 말기까지 계속되었다.

거란인은 원래 수렵 유목을 생업으로 하기 때문에, 그 복장은 모피를 재료로 한 호복 스타일을 기본으로 하고 있었다(그림 IV-27). 그러나 송의 漢人한인 사회와의 교류가 진행됨에 따라, 漢한식의 의복도 유행하고, 의복 재료로도 견이나 마가 사용되었다. 또한 그 영내에는 많은 한인과 고구려, 발해국의 유민이 살고 있었으므로, 각각의 전통 복장도 혼용되었다. 그림 IV-28은 淸朝청조의 故官名畵고관명화의 하나로, 「말과 거란인」을 그린 것으로, 筒袖통수의 긴 상의에 長靴장화를 신고, 머리는 頭巾두건으로 싸고, 귀 앞으로 머리를 길게 늘이고 있다. 귀 앞머리로 鬢빈을 드리우는 풍습은 거란인 뿐만 아니라 북방 민족 간에 널리 유행하여, 女眞人여진인이나 위구르인 사이에서도 행하여졌다.

2) 전연의 맹：중국의 宋송에 침입한 遼요의 聖宗성종과 이를 막기 위해 북상하였던 송의 眞宗진종이 澶州전주에 對陣대진하고 체결한 강화조약이다.

| 그림<br>IV-27 | 그림<br>IV-28 |

〈그림 IV-27〉 거란인의
복장

〈그림 IV-28〉 말과 여진인
(고궁명화)

『遼史輿服志요사여복지』에는 그 관복 제도에 대해서, "황제와 南班남반의 漢人한인 관리는 漢服한복을 착용하고, 태후와 北班북반의 거란인 관리는 고유의 거란복을 착용한다."고 기록하고 있는데, 요의 관료는 한인과 거란인으로 남북 양반이 나뉘어 있었다. 또한 『契丹國志거란국지』에도 그 의복제도에 관하여, "거란인 관리는 氈冠전관을 쓰고, 위 부분을 金華금화로 장식하고, 또는 珠玉주옥이나 翠毛취모를 관에 장식하였다. 이것은 漢魏한위 시대의 步搖보요를 본뜬 것이며 의복은 자색의 窄袍착포에 황홍색의 혁대를 매고, 대는 금, 옥, 수정 등으로 장식하였다. 高官고관은 貂裘초구를 입었고, 黑貂흑초가 최고, 靑貂청초가 그 다음이며, 銀鼠은서가 이에 병행하였다. 하급 관리는 양, 쥐, 여우 등의 裘구를 입었다."라고 기록되어 있다. 거란인의 窄袖착수는 퉁구스나 몽골족, 투르크족 등의 알타이계 기마민족에 공통적인 비교적 옷자락이 긴 筒袖통수의 상의를 가리킨다. 길이가 짧은 스키타이식의 상의는 서방의 기마민족에게 일반적인 의복 형태이다.

그림 IV-29는 거란의 태자 李贊華이찬화가 그린 자화상으로 氈冠전관에 窄袍착포를 입은 거란 관리의 복장이 잘 표현되어 있고, 短弓단궁과 가죽 칼집에 든 장검이 무관을 상징하고 있다. 그림 IV-30은 滿洲林만주림 서북방의 遼墓요묘에 그려진 거란인의 畫像화상을 鳥居龍藏도리이 류우조우 박사의 딸인 みどり미도리

여사가 模寫<sup>모사</sup>한 것으로, 단궁과 긴 지휘봉을 든 거란의 고급 관리를 표현하고 있다.

거란 여자의 복장에 대해서는 『金史興服志<sup>금사여복지</sup>』에 "부인은 袒裙<sup>단군</sup>을 입었으며, 대개 黑紫<sup>흑자</sup>색으로 상단에 꽃과 나무를 자수하고, 둘레에 여섯 개의 주름을 잡았다. 상의는 團衫<sup>단삼</sup>으로 역시 흑자색, 흑색, 또는 紺<sup>감</sup>색이며, 직령 좌임에, 帶<sup>대</sup>는 紅黃<sup>홍황</sup>색이며 앞에서 묶었다. 성년·노년부인은 黑紗布<sup>흑사포</sup>로 머리를 巾<sup>건</sup>처럼 감아싸고, 위에 옥장식을 하여 玉逍遙<sup>옥소요</sup>라고 불렀다. 金代<sup>금대</sup>의 여성도 이 같은 복장을 답습하였다."고 기록되어 있다. 여기서 袒裙<sup>단군</sup>이라 한 것은 통형의 스커트를 말하고, 團衫<sup>단삼</sup>은 筒袖<sup>통수</sup>의 긴 胡袍<sup>호포</sup>이다.

길림성 庫倫<sup>고륜</sup>의 遼墓<sup>요묘</sup> 벽화의 거란인의 복장은 그림 IV-31과 같이, 筒袖<sup>통수</sup>의 자락이 긴 胡袍<sup>호포</sup>에 혁대를 매고 장화를 신었다. 머리는 양쪽의 귀밑에 난 머리털만 남기고 나머지는 모두 깎아 내리는 몽골식의 辮髮<sup>변발</sup>이었다. 그림 IV-32는 遼墓<sup>요묘</sup>에 그려진 악인들로, 복두에 唐服<sup>당복</sup>을 입은 악인은, 그 용모로 보아서도 漢人<sup>한인</sup>임에 틀림없다. 요나라의 궁정에는 이같은 한민족의 관리나 예능인이 상당히 활동한 것으로 보인다.

| 그림 IV-31 | 그림 IV-32 |

〈그림 IV-31〉 거란인의 복장(11세기) 길림성 · 庫倫遼墓 벽화  중국 동북부 곤륜 교외의 요대의 묘 벽에 그려진 거란인이다. 소매가 긴 통수 長袍에 혁대와 장화는 전형적인 호복 스타일이다. 두발은 살짝 머리만 남기고 나머지는 모두 삭발한 소위 開剃 髡髮이다.

〈그림 IV-32〉 요묘벽화의 악단(11세기) 길림성 · 요묘벽화  요묘벽화로 그려진 인물은 한인악단으로 복두에 당복을 입고 용모도 한인이다. 비파, 적, 북, 쟁 모두 당대의 악기를 그리고 있다. 요나라의 궁정에는 이와 같이 한인이 庸人으로 많이 사용된 것이 파악된다.

## 女眞<sup>여진</sup> · 金代<sup>금대</sup>의 복식

여진족은 중국 동북지방과 沿海州<sup>연해주</sup>를 근거로 한 퉁구스계의 半牧半獵<sup>반목반렵</sup>의 기마민족으로 한반도의 고구려족 등도 그 일파였는데, 처음에 거란인에게 쫓겨 동방으로 이주하였고, 송과 결합하여 遼<sup>요</sup>를 멸망시킨 후, 그곳에 金<sup>금</sup>나라를 건국하였다<sup>(1115년)</sup>. 처음에는 燕京<sup>연경</sup>-북경을 수도로 정하고 고유의 풍속에 따랐으나, 북송을 공격하여 송의 수도 汴京<sup>변경</sup>을 점령하고, 한민족의 대부분을 그 지배하에 두자 漢式<sup>한식</sup>의 복제를 정하고 공복을 중국풍으로 개정하였다.

금나라의 章帝<sup>장제(1189-1208)</sup> 년간에 제정된 복식 제도에 의하면, 천자의 제복은 중국과 같이 곤면이나 통천관이 있고, 또한 偪舄<sup>핍석</sup>이라는 다리까지 덮는 제복용의 신이 있으며, 조복에는 淡黃袍<sup>담황포</sup>가 있었다. 또한 황태자는 冕冠<sup>면관</sup>, 遠遊冠<sup>원유관</sup>이, 황후는 褘衣<sup>위의</sup> 등에 대한 것이 『金史輿服志<sup>금사여복지</sup>』

에 기록되어 있고, 전술한 대로 遼<sup>요</sup>대의 부인이 사용한 거란복과 같은, 여진족 고유의 복장이 평상복으로 사용되었다는 것은 말할 나위도 없다.

남자의 의복제도에 있어서도, 복두를 四帶巾<sup>사대건</sup>, 窄袍<sup>착포</sup>를 盤領衣<sup>반령의</sup>, 韡화를 烏皮靴<sup>오피화</sup> 革帶<sup>혁대</sup>를 吐鶻<sup>토골</sup>이라 하여 명칭의 변화는 있었으나, 그 실체는 여진족 고유의 호복 스타일이었다. 그림 IV-33은, 고궁 명화의 하나로, 여진인을 그린 것으로서, 이제까지 살펴본 거란인의 복장과 거의 차이가 없

〈그림 IV-33〉 여진인

고, 모피 모자와 가죽 상의, 장화에 短弓<sup>단궁</sup> 등의 복장만으로는 거란인과 구별하는 것은 어렵다. 그러나 『大金國史<sup>대금국사</sup>』에는 "금나라의 풍속은 원래 白衣<sup>백의</sup>를 좋아하고 변발을 어깨에 늘어뜨려서 거란과는 차이가 있다. 머리 뒤에 변발을 남겨 이를 색실로 묶고, 부자는 변발에 珠金<sup>주금</sup>으로 장식한다. 부인도 弁髮<sup>변발</sup>이나 盤髻<sup>반계</sup>로 묶되 관은 쓰지 않았다. 遼<sup>요</sup>를 멸망시킨 후, 점차 머리 부분을 장식하게 되었지만 의복은 옛 것을 따랐다. 그 토지에 桑蠶<sup>상잠</sup>이 없어, 대부분 葛布<sup>갈포</sup>를 착용하였고, 의복의 귀천은 포백의 성긴 정도로 구별하였다. 또한 매우 추운 지역이기 때문에 모피가 아니면 추위를 막을 수 없어 부자는 봄과 여름에 저포나 錦紬<sup>금주</sup>로 衫<sup>삼</sup>이나 裳<sup>상</sup>을 만들고 가을과 겨울에는 담비나 쥐, 여우, 새끼양의 가죽으로 裘<sup>구</sup>를 만들었지만, 가난한 사람은 봄과 여름에는 모두 葛布<sup>갈포</sup>로 의복을 만들었고, 가을과 겨울에는 소나 말, 돼지, 개, 뱀 등의 가죽을 쓰고, 노루 사슴의 무두질한 가죽으로 衫<sup>삼</sup>을 만들었다. 袴<sup>고</sup>나 버선은 모두 모피를 그대로 사용하였다."라고 기록되어 있다.

머리모양에서 주목할 것은 여진인의 변발은 머리의 둘레부분을 깎아내고 정수리에 긴 머리를 조금만 남겨서 세 가닥으로 땋아 늘어뜨리는 형태로 퉁구스족의 공통된 剃頭辮髮<sup>체두변발</sup>의 풍속이었지만, 몽골계의 거란인의 변발은 이와 다르게 머리의 정수리부분을 깎아내고 주위둘레의 머리털을 남기는 開剃辮髮<sup>개체변발</sup> 양식이었는데, 옆머리의 털을 길게 기르는 것도 그 하나였다. 그러나 청나라시기에 이르러 몽골인도 여진계 만주인의 변발을 받아들여 머리의 정수리부분만 남겨 두는 변발로 바뀌게 되었다.

### 중앙 · 서아시아의 복식

8세기 중엽 돌궐을 멸망시킨 투르크계의 위구르족은 몽골 고원의 서쪽에 유목국가를 건설하였다. 9세기 중엽 쯤 위구르 왕국은 붕괴되고 그 일부는 서역 투르판 부근으로 이주하여 이란계의 원주민을 추방하고 투르크인의 토지란 뜻의 투르키스탄, 즉 서위구르 왕국을 건설하였다. 塔里木<sup>타리무</sup> 사원 벽화에는, 당시 귀족의 모습이 수 없이 묘사되어 있다. 원래 투르크인의 복장은 몽골 양식의 호복이었는데 투르키스탄을 근거지로 하자 이란계인 소그드 상인을 통하여 끊임없이 서아시아의 문화를 받아들여, 오래 입었던 호복을 버리고, 아름다운 줄무늬와 꽃무늬가 있는 옷깃을 접은 反褶<sup>반습</sup>의 코트 등 독자적인 위구르 풍습을 만들어 내었다. 오늘날의 서역이나 喀什喝爾<sup>카슈카르</sup>에도 이러한 풍습이 남아 있다.

그림 IV-34 및 그림 IV-35 · 36은 모두 서역 투르판의 柏孜克里克<sup>베제크리크</sup> 사원의 벽화로, 쓰개나 의복 등에서 당나라와 이란의 절충양식이 보인다. 그림 IV-37 및 그림 IV-38도 투르판 사원 유적에서 발견된 위구르 귀부인의 벽화로, 당대부인의 화장과 비슷하나, 복장은 독특하다.

| 그림 IV-34 | 그림 IV-35 | 그림 IV-36 |
|:---:|:---:|:---:|
| 그림 IV-37 | | 그림 IV-38 |

〈그림 IV-34〉 변발한 귀족(9-10세기) 신강 위구르 자치구 · 베제리크벽화  투르판 근교의 베제리크사원터에서 오타니 탐험대에 의하여 발견된 회화의 단편으로 변발을 한 위그르귀족이 합장하고 있는 자세이다. 복식은 호복 위에 이란풍의 상의를 입고 살쩍머리를 길게 늘어뜨린 투르크 스타일의 변발이다.

〈그림 IV-35〉 위그르의 귀족(1)

〈그림 IV-36〉 위그르의 귀족(2)

〈그림 IV-37〉 위그르의 귀부인

〈그림 IV-38〉 위그르의 부인

타림분지의 남쪽에는 티베트계의 吐蕃토번왕국이 있었는데, 11세기에 이르러 티베트족의 일파는 타림분지의 서쪽에 西夏서하왕국을 건설하였다. 티베트족은 일찍부터 인도 문화의 영향 하에 있었지만, 추운 고지에서 생활하는 유목민이기 때문에 그 복장은 소매가 긴 호복 양식(그림 IV-39·40)이

었다. 서하시대의 복식은 그림 IV-41의 돈황벽화에 묘사된 서하 귀족 그림에 보이듯이 위구르양식에 지극히 가깝다. 그림 IV-42의 토번왕국 시대의 文成公主문성공주가 백의에 圓領원령을 착용한 복장과, 그림 IV-43의 淸청대의 티베트 귀부인의 복장은 시대적인 변천을 보여주는 좋은 자료이다.

| 그림 IV-39 | 그림 IV-40 | |
|---|---|---|
| 그림 IV-41 | 그림 IV-42 | 그림 IV-43 |

〈그림 IV-39〉 티베트복장 (1)
〈그림 IV-40〉 티베트복장 (2)
〈그림 IV-41〉 서하의 귀족
〈그림 IV-42〉 티베트귀족의 성장(5대)
〈그림 IV-43〉 티베트귀부인의 성장(청)

10세기 중엽 서아시아에 투르크계 민족이 세운 Seljuk셀주크 왕조가 건국되었다. 서아시아의 투르크족은 원래 이슬람 귀족이 부리었던 노예계급이었으나, 후에 용병으로 등용하게 되자 타고난 기마민족의 본성을 발휘하여 사라센제국의 서쪽 절반을 제압하여 동로마 제국까지 위협하게 되었다.

사라센왕조 말기 12-13세기의 그림이 그려진 그릇에는 사산조풍의 옷자락이 긴 드레스를 입은 여성(그림 IV-44)과 페르시아풍의 드레스를 입은 여성(그림 IV-45)이 비파를 연주하는 모습이 있는데 그림 IV-46은 같은 시기의 타일화에 그려진 매사냥을 하는 페르시아인으로 사라센 말기의 풍속을 나타내고 있다.

| 그림 IV-44 | 그림 IV-45 | 그림 IV-46 |
|---|---|---|

〈그림 IV-44〉 광택 나는 그림의 그릇(12-3세기) 이란·카잔Qazan 출토 사라센왕조 후기의 작품으로 그림에는 페르시아 영웅서사시 '샤나메(ShaNa- me 이야기'의 미녀 水浴場을 통행인이 엿보는 일부분이 그려졌다. 이 풍속은 사산조 페르시아대의 여성들은 모두 꽃무늬가 있는 페르시아 코트를 입은 것을 볼 수 있다.

〈그림 IV-45〉 미나이수 Minai手의 그림접시(12-3세기) 미국·메트로폴리탄박물관 그림 181과 거의 같은 것으로 제작된 청색 그림접시로 그릇 중앙의 연주문 가운데에 그려진 큰 인물의 여성복장도 이란양식으로 작은 꽃무늬가 있는 코트로 사라센풍의 특징이 보인다.

〈그림 IV-46〉 매사냥의 타일화(12-13세기)

13세기 초 몽골 고원에서 등장한 징기스칸은 곧장 중앙아시아에 침입하여 위구르족을 아군으로 만들고 이들을 길 안내로 삼아 성난 파도와 같이 서아시아로부터 유럽으로 공격하여 나갔다. 그 통로에 있었던 사라센제국과 셀주크도 일거에 붕괴되고 서아시아에는 몽골 식민지 汗國<sup>일한국</sup>이 세워졌다. 몽골군이 침입한 직후에는 몽골의 복장도 상당히 착용되었으나, 미개한 동아시아의 유목민족은 곧 서아시아의 오랜 전통을 가진 이란 문화에 동화되었다. 그리하여 일한국 시대의 복장도 사라센이나 셀주크 시대의 복식에서 그다지 변화하지 않았다.

그림 IV-47·48은 모두 일한국 시대의 페르시아 회화로, 전자는 Herat<sup>헤라트</sup>파, 후자는 Shirāz<sup>시라즈</sup>파가 그린 것이다. 터번을 두르고 긴 꽃무늬 코트를 입은 남성, 노란 코트를 입은 귀부인과 베일을 쓴 시녀, 왕관을 쓴 Anushiravan<sup>아누시르완</sup> 왕과 페르시아풍의 짧은 상의에 바지를 입은 시종 등 모두 사라센 시대의 풍속이 그려져 있다.

몽골왕조 원이 멸망하자 일한국도 망하고 서아시아에는 서투르키스탄을 수도로 하는 티무르왕조도 단명하고 13세기말에 흥한 셀주크 왕조의 잔당에 의해 회교제국 오스만 투르크가 세워졌다. 한편 이란인은 티무르제국 유적에 Safavi<sup>사파비</sup>조를 세우고 페르시아 문명의 전통을 근근이 전하여 갔다.

그림 IV-49·50은 사파비 시대의 염직 예술의 최고 걸작의 하나이다. 그림 IV-51은 豊臣秀吉토요토미 히데요시가 애용한 陣羽織진바오리로, 입수 경로는 잘 알려져 있지 않지만 옷감은 벽걸이용으로 만들어진 16세기 이란의 刻絲각사 錦금으로 만들어져 있다. 그림 IV-52는 16세기 이란의 궁정인 사이에서 유행한 가운으로 秀吉히데요시의 진바오리와 그 계통이 매우 흡사하다. 그림 IV-53은 오스만 투르크 시대의 미니어쳐 그림의 무희로, 투르크 문양의 긴 코트와 세로 줄무늬 바지 등 근대적인 감각이 풍부하게 표현되어 있다. 그림 IV-54는 16세기의 오스만 투르크의 제왕 마호메트 2세가 애용한, 벨벳제 오버코트로, 옷의 길이는 길고 옷자락과 소매폭이 넓다.

| 그림<br>IV-49 | 그림<br>IV-50 | 그림<br>IV-51 |
|---|---|---|

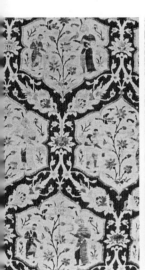

〈그림 IV-49〉 비로도 錦(16세기) 미국·클리브랜드미술관　사파비조시대의 문양 벨벳 錦. 龜甲文 터번을 두른 이란여인과 매사냥장에서 사냥감을 메고 있는 시종이 다채로운 실로 정교하게 직출되어 있다.

〈그림 IV-50〉 樹下美人의 朱珍(16세기) 미국·클리블랜드미술관　체크 문양 가운데 4종류의 수하미인도가 보이는 주진직으로 여러 색의 채색사와 금은사를 사용한 사파비 직물의 명품. 예복용으로 만들어지고, 조정에서 사여물로 자주 고급관리와 외국사신에게 하사되었다.

〈그림 IV-51〉 풍신수길의 진바오리(陣羽織, 16세기) 京都·高台寺　풍신수길이 애용하였던 진바오리의 원산지는 이란의 커서금이다. 동물 문양으로 이란 직물의 특징이 잘 보인다. 조선전쟁시의 전리품이라고도 하나 입수경로는 잘 알려져 있지 않으며 원래 벽걸이용으로 만들어진 철금생지를 진바오리로 새로 만든 것이다.

〈그림 IV-52〉 이란의 가운(16세기)

〈그림 IV-53〉 터키의 춤추는 사람(18세기) 터키 陣羽織 · 앙카라박물관 오스만 터키시대의 미니어츄어 그림으로, 터키무용수의 머리에 깃털과 보석을 장식하고 바지 위에 비단 紗로 만든 스커트를 입고 황색바탕에 좁은 줄무늬의 팔메트모양의 롱코트를 입고 소매 끝에는 한삼이 달려 나부끼며 양손으로 4죽을 소리 내며 춤추고 있는 자세로, 동양적이다. 청대 중국무용과 이란무용의 영향이 농후하다.

〈그림 IV-54〉 오스만 터키의 오버코트

〈그림 IV-55〉 이란의 귀부인(17세기)

〈그림 IV-56〉 이란의 무사(17세기)

| 그림 IV-52 | 그림 IV-53 | 그림 IV-54 |
|---|---|---|
| 그림 IV-55 | 그림 IV-56 | |

    그림 IV-55는 17세기 이란의 사파비왕조 궁정의 풍속을 그린 것이다. 재상 Shah Abbas사압바스 2세 부인이 큰 염소 무늬가 있는 원피스에 모직벨트를 매고, 폭이 넓은 숄을 머리에 썼다. 그림 IV-56은 페르시아 회화에 그려진 사파비조의 무사복장으로, 문양이 있는 터번을 두르고 소매가 좁은 원

피스 위에 소매 없는 조끼를 입고 허리에 두른 布帶<sup>포대</sup>에 화살과 활을 끼우고 있는 모습이다.


## 元代<sup>원대</sup>의 복제와 복식


金<sup>금</sup>과 남송이 동아시아에서 대립하고 있었을 때, 몽고고원에서는 징기스칸의 대몽고제국이 세워졌다<sup>(1206년)</sup>. 징기스칸의 사망 후, 쿠빌라이칸 世宗<sup>세종</sup> 至元<sup>지원</sup> 8年년<sup>(1271)</sup>에 금나라 뿐만 아니라 남송을 멸망시켜 국호를 大元<sup>대원</sup>으로 고쳤다. 원의 영토는 3대에 걸친 70년간에 동쪽으로는 연해주까지, 서쪽은 유럽의 동부까지 넓혀졌고, 세계 사상에 유례없는 대 제국이 출현하게 되었다.

대몽고제국의 복장은 아직 몽고양식 뿐이었으나, 원으로 개명하면서 백성들을 네 계급으로 분류하여, 제1계급은 몽고인, 제2계급은 위구르인 등의 色目人<sup>색목인</sup>, 제3계급은 遼<sup>요</sup>, 金<sup>금</sup>, 고려인 등의 원에 복속한 漢人<sup>한인</sup>이라 부른 이며, 제4계급은 남송 지배하의 중국인들 즉 宋人<sup>송인</sup>이었다. 문무관은 모두 제1, 제2 계급에 의해서 독점되었고, 의복제도 모두 몽고양식으로 바뀌었다. 다만 일반 백성들이 각각의 고유한 복장을 착용하는 것은 금지하지 않았다.

원나라도 중기 이후가 되자 몽고인들도 어느새 중국문명에 동화되어 한, 당으로부터 내려오는 풍습이 지배계급의 복제에도 나타나게 되었다. 『元史興服志<sup>원사여복지</sup>』에 나타난 원대의 복제를 요약해 보면 대체로 다음과 같다.

| 天子천자 | 祭服제복 | (宋송·金금 제도 근거) 袞冕곤면(1종) | | | |
|---|---|---|---|---|---|
| | 冬朝服동조복 | 金錦煖帽금금난모　七寶中頂冠칠보중정관　紅金苔子煖帽홍금태자난모<br>白金苔子煖帽백금탑자난모　銀鼠煖帽은서난모(5종) | | | |
| | 夏朝服하조복 | 寶頂金鳳鈸笠보정금봉발립　珠子捲雲冠주자권운관　珠緣邊鈸笠주연변발립<br>白頭寶貝帽백두보패모　金鳳頂笠금봉정립　金鳳頂漆紗冠금봉정칠사관<br>黃牙忽寶貝珠子帶後簷帽황아홀보패주자대후첨모<br>七寶漆紗帶後簷帽칠보칠사대후첨모(8종) | | | |
| 君臣군신 | 祭服제복 | 貂蟬冠초선관　獬豸冠해치관　梁冠양관(7～3등급)<br>冬服동복(9등급)　夏服하복(14등급) | | | |
| | 朝服조복 | 大袖대수　般領반령　幞頭복두(文官문관─展脚전각　武官무관─交脚교각)<br>服色복색1-5─紫色자색, 6-7─紕色비색, 8-9─綠色녹색　階級別계급별　花紋화문<br>裝飾差장식차 | | | |
| | 儀衛服의위복 | 交脚幞頭교각복두　風翅帊頭풍시파두　學士帽학생모　唐巾당건　錦帽금모　平巾幘평건책<br>武弁무변　甲騎冠갑기관　兜鍪두무 등 | | | |

　그리고 五爪三角오조삼각의 용봉문을 천자 이외의 복식에 사용하는 것을 엄격히 금지하였으며, 복색의 규정은 몽고인이나 색목인에게는 적용시키지 않았다.

　황후와 궁정부인들의 복장에 대해서는 『원사여복지』 혹은 『新元史興服志신원사여복지』에도 특별히 설명된 것이 없다. 그러나 황후의 관은 그림 IV-57에서와 같은 顧姑冠고고관3)은 몽고어로 Kekur케쿠르, 페르시아어로 Bogtak보구탁이라 하며 기혼여성들이 盛裝성장시 사용하였던 특수한 관이다. 그림 IV-58은 淸청대 말기의 몽고 귀족부인의 성장차림이다.

　그림 IV-59는 태종 Ogotai오고타이의 초상화로, 冬朝服동조복인 銀鼠暖帽은서난모에 赭黃袍자황포를 착용한 모습이며, 그림 IV-60은 世祖세조의 매사냥하는 모습으로, 원대의 화가 劉貫道유관도의 작품이다. 동조복과 金錦暖帽금금난모에 모피의 방한 코트를 착용한 세조와 호모와 호복을 착용한 황후가 그려져 있다.

3) 顧姑冠고고관은 몽고어로 罟罟, 固姑 혹은 姑姑라고 부른다.

| 그림<br>IV-57 | 그림<br>IV-58 |
| --- | --- |
| 그림<br>IV-59 | 그림 IV-60 |

〈그림 IV-57〉 世祖皇后의 초상(元) 대만·고궁박물원  역대제후도 중 세조황후 察必의 초상이다. 용모는 몽골특유의 편평한 둥근 얼굴, 중국식 교령의 주포는 작은 花文이 있고 흑선이 달려있다. 안에는 둥근 깃, 丸首의 몽골풍 하의를 입고 顧姑冠(Kegul)이라는 몽골 특유의 것으로 호화스런 백진주장식이 양쪽에 있는 예관을 쓰고 있다.

〈그림 IV-58〉 몽골귀부인의 성장(청)

〈그림 IV-59〉 오고타이의 초상(元) 대만·고궁박물원  징기스칸의 제3자, 원 태종 오고타이(1229-1241)의 반신상. 方領의 황포와 머리에는 銀鼠 모피로 만든 북방 유목민족 특유의 胡帽이다.

〈그림 IV-60〉 世祖出獵圖(元) 대만·고궁박물원  원 세조 쿠빌라이(1260-1294)가 황후와 함께 매사냥에 나가는 것을 원대 화가 劉貫道가 그린 작품 모피코트를 입은 세조는 안에 진홍색 용포와 진홍색 호화를 신고 적색선을 두른 호피모를 썼다. 황후의 복장은 몽골식의 백색호복과 호모를 쓰고 뒤를 따르는 시종들도 같다.

〈그림 IV-61〉 인종의 초상 (원)

〈그림 IV-62〉 남장궁녀(원)

그림 IV-61은 仁宗<sup>인종</sup>이 夏朝服<sup>하조복</sup>을 착용한 초상화로, 헬멧형식의 鈸帽<sup>발모</sup>를 쓰고, 모자의 아래에는 변발이 보인다. 그림 IV-62는 원대의 화가 錢舜<sup>전순</sup>의 「宮女圖<sup>궁녀도</sup>」로 복두의 남장 스타일이 흥미롭다.

원대 일반서민의 복식은 비교적 자유로웠는데 赭黃<sup>자황</sup>색은 금지된 색상이고, 暗紅<sup>암홍</sup>색이나 백색이 많이 사용되었다. 紵<sup>저</sup>, 紬<sup>주</sup>, 綾<sup>능</sup>, 羅<sup>라</sup>, 毳<sup>취·모직물</sup> 등의 직물과 관모, 笠<sup>입</sup> 등의 사용도 자유로웠으나 의복에 금과 옥장식은 금지되었다.

그림 IV-63은 원대의 제4계층이었던 남송인이 당나귀에 탄 모습을 그린 것이다. 말에 탈 수 없는 남송인을 풍자해서 그린 것으로 추측된다. 그림 IV-64는 산서성의 도교사원 永樂宮<sup>영락궁</sup> 벽화의 일부분으로, '荀婆<sup>순파</sup>의 눈병을 고치다'라고 제목이 붙어 있는 그림인데 순파의 의복은 우임이지만 왼쪽에 서 있는 사대부인 듯한 사람의 좌임으로 여민 심의는 화가의 실수로 보인다.[4) 그림 IV-65는 원 초기의 이름난 화가인 趙子昻<sup>조자앙</sup>이 그린 「鬪茶圖<sup>투다도</sup>」인데, 길 위에서 차의 종류와 그 상품의 좋고 나쁨을 가지고 다투고 있는 풍속화로, 원대 서민의 복장을 위한 귀중한 자료이다. 그림 IV-66은 헤딩 탐험대가 수집한 청대 말기의 서역에 살았던 몽고인의 겨울철 옷 한 벌인데, 모피 모자와, 산양 가죽으로 만든 외투, 자수를 놓은 펠트제 바지, 가죽 신 등 모두 근대화된 유럽의 스타일과 거의 차이가 없다. 러시아의 중앙아시아 진출의 영향이 보인다.

4) 원대의 일반은 좌임도 여전히 착용하고 있어 화가의 실수로는 보이지 않는다.

| 그림 IV-63 | 그림 IV-64 |
|---|---|
| 그림 IV-65 | 그림 IV-66 |

  그림 IV-67은 티무르 시대의 미니어처에 묘사된 징기스칸 이야기의 삽화이다. 페르시아풍의 의복을 입은 징기스칸이 묘사되어 있고, 이와는 대조적으로 그림 IV-68은 鎌倉가마쿠라시대의 土佐長隆토사타카시가 그린 「蒙古襲來繪圖몽고습래회도」로 호복과 호모를 쓰고 짧은 활을 들고 싸우는 몽고 병사를 묘사하고 있다. 그림 IV-69는 河南省하남성에서 출토된 원대의 雜劇잡극에 보이는

페르시아계의 소년 樂人<sup>악인</sup>을 본뜬 도용이고, 그림 IV-70은 신강성의 우루무치에서 출토된 원대의 刻子<sup>각자</sup>로 청색 바탕에 꽃 문양을 짜낸 綴錦<sup>철금</sup>이다.

| 그림 IV-67 | 그림 IV-68 |
|---|---|
| 그림 IV-69 | 그림 IV-70 |

〈그림 IV-67〉 징기스칸의 그림(14세기) 영국·대영박물관　티무르시대에 만들어진 몽골 物語 '샨샤<sub>シァーンシァメーナ</sub>'의 삽화로 징기스칸의 일족을 모아놓고 훈시하는 장면이다. 복장은 모두 티무르시대의 투르크풍으로 龍文, 唐草文에 약간의 중국과 이란양식이 가미되었으나 몽고복장의 실체와는 꽤 다르다.

〈그림 IV-68〉 몽고전래회도(鎌倉) 동경박물관　겸창시대의 土佐派의 화가 土佐長隆의 필치로 유명한 蒙古襲來繪卷의 일부. 앞 그림에 비하면 훨씬 사실적으로 묘사되었다. 큰 깃발을 들거나 갑주를 입은 병사, 배를 젓는 중국인 같은 인물 등, 모두 좌임 胡服에 바지 장화, 모피 모자 등 당시의 일본인 눈에 비친 몽골병사의 복장이 충실히 보이고 있다.

〈그림 IV-69〉 원대의 雜伎盜用(元) 하남성·焦作 출토　하남성의 元 유적에서 출토된 것으로 잡극을 연기하는 藝人의 인형이다. 원대는 芝居와 잡극이 성하여 잡기는 한인뿐만이 아니라 이란, 고려인도 많았다. 좌측은 중국인 복장이고 우측의 소모자와 의복은 이란양식이다.

〈그림 IV-70〉 원대의 刻子織物(元) 신강 위구르 자차구·우르무치 출토　천산북로의 우르무치에서 출토된 원대의 대표직물인 각자의 斷片으로 紫紺 바탕에 大輪花 문양을 황색으로 직출한 것이다. 각자는 당대의 綴錦으로 송대 이후 각자라 불려 성하였으나 繪畫 문양을 그대로 직출하여 보인 것이다. 요즘 중국에서는 緙子라고 한다.

이상 송·원대 복식의 특색은, 당대의 이란풍의 窄袍<sup>착포</sup>가 중국인 사회에서 쇠퇴하여 상류사회나 사대부 사이에서는 漢<sup>한</sup>대의 전통스타일인 소매가 넓은 헐렁한 寬袍<sup>관포</sup>가 선호되고, 일반 서민도 深衣<sup>심의</sup>와 短衫<sup>단삼</sup> 등의 중국 양식을 착용하였다. 그러나 거란, 여진, 몽고 등의 정복자인 북방 민족은 생활환경 때문에 필연적으로 호복을 착용하니, 변경의 漢<sup>한</sup>민족도 이에 따랐다. 또 무인의 군복은 袴褶<sup>고습</sup>과 철제의 甲冑<sup>갑주</sup>를 입는 습속이 몽고의 원정 이후 일반화 되었는데, 이는 화약을 사용하는 병기의 출현과 큰 관계가 있다.

# 3. 한국·고려시대의 복식

당제국과 교류가 긴밀하던 한반도의 신라 왕조도 당의 붕괴 즈음, 구 고구려의 남은 세력에 의해 고려 왕조가 성립되었다<sup>(918년)</sup>. 고려시대는 외교적으로는 친송, 내정적으로는 관료체제의 강화를 꾀하였고, 주된 복식 제도의 개혁은 光宗<sup>광종</sup> 11년<sup>(960)</sup>, 仁宗<sup>인종</sup> 18년<sup>(1140)</sup>, 충렬왕 4년<sup>(1278)</sup>, 공민왕 19년<sup>(1370)</sup>의 4회에 걸쳐 행해졌다. 대부분의 개혁은 중국 왕조의 영향 아래 있어 송, 금, 원, 명 각각의 복제가 교착되어 행하여졌다. 건국 초기에는 신라의 구제를 그대로 답습하다 광종의 개혁에 따라서, 공복은 紫衫<sup>자삼</sup>, 丹衫<sup>단삼</sup>, 緋衫<sup>비삼</sup>, 綠衫<sup>녹삼</sup> 4종을 정하였는데 이는 송나라 제도를 참작한 것이다.

인종대의 복제는 『高麗史<sup>고려사</sup> 輿服志<sup>여복지</sup>』 및 『宣和奉使高麗圖經<sup>선화봉사고려도경</sup>』에 의하면, 왕복은 제복, 조복, 상복, 공복, 편복의 5종이 있고, 제복은 면관, 조복은 복두, 상복은 烏紗高帽<sup>오사고모</sup>가 사용되었다. 또 常服<sup>상복</sup>은 담황색의 포에 紫羅勒巾<sup>자라늑건</sup>, 자수가 들어간 건5)을 사용하고, 중국의 사절을 맞을 때는 紫羅公服<sup>자라공복</sup>에 象笏<sup>상홀</sup> 옥대를 갖추었으며 편복에는 皁巾<sup>조건</sup>과 백저포를 착용하였다.

또 상류계급의 여성은 두식으로 蒙首<sup>몽수</sup>를 사용하였다. 이는 머리에 쓰는 黑羅<sup>흑라</sup>인데, 길이 8척의 비단을 사용하여 얼굴만 나오게 하고 양쪽 끝을 늘어뜨린 것으로 그 가격은 금 1근에 상당하였다. 이 몽수는 조선시대에는 蓋頭<sup>개두</sup>라고 불리었다. 여성의 포는 흰 모시로 만든 白苧布<sup>백저포</sup>로서 남자의 것과 같은 모양이고, 裳<sup>상</sup>은 綾絹<sup>능견</sup>제이며 폭이 넓어 生絹<sup>생견</sup>으로 안감을 대고, 腰帶<sup>요대</sup>는 橄欖勒巾<sup>감람늑건</sup>으로 금으로 만든 장식용 금방울과 錦香囊<sup>금향낭</sup>을 달았다.

충렬왕 때에는 원의 침입을 받아 모든 관리, 학생은 몽골식 衣冠<sup>의관</sup>을 하고, 머리모양을 개체변발로 바꾸는 것이 강제되었다. 개체변발은 정수리 부분의 머리를 깎아내고 주변부의 머리를 남기어 땋는 몽고식의 변발로, 이러한 몽고 풍속은 약 150년간 계속되었다. 이 기간에 몽고병에 의해 지휘된 고려, 남송의 연합 수군이 일본 Hakata灣하카타만으로 침입하였다.

원이 멸망하고 明명이 건국되면서, 공민왕은 명 태조로부터 冕服면복을 사여 받았고 왕비, 군신에게도 관복이 하사되어 그 후 명제에 따른 복제가 실행되었다. 명으로부터 받은 고려왕의 면복은, 면은 靑珠九旒청주구류이고, 의상은 靑衣九章청의구장, 혁대는 金鉤帶금구대였기 때문에 중국의 위계로 본다면, 제후계급에 상당하는 것이었다. 현재 일본 米澤요네자와-山形縣야마카타현의 上杉神社우에수기신사에 명대의 관복이 남아 있는데, 秀吉히데요시가 일으켰던 조선 전쟁에 출정하였던 藩祖번조6)인 景勝카게카쯔가 강화시에 명나라로부터 하사받은 것이라고 전하여지나, 의복의 색과 補章보장이 일치하지 않는다. 명의 정규 관복이 아니라 외국에 보내지는 선물용으로 특별히 만들어진 것이 아닌가 한다.

그림 IV-71은 삼국 이래의 한국 여성의 상의의 변천을 보여주는 것으로 고구려, 신라, 고려로 시대가 내려옴에 따라 상의의 길이가 짧아지고 있다. 조선시대에 이르러 상의는 다시 길어지며, 고려시대에 가장 짧고, 더구나 수구가 좁고, 소매의 형이 직선으로 되고 있다.7) 이에서도 고려시대의 한국은 중국 정복 왕조의 압력 아래에 지냈던 어려운 시대였다는 것을 알 수 있다.

6) 藩번이란 일본 에도시대 지방을 뜻하며, 그 지방 영주의 조상을 번조라 한다.

7) 한국의 저고리길이의 변천은 개항기에 가장 짧아져 옆선이 없는 경우도 있다. 도식화 부분은 물론 전체적인 내용수정이 필요하다.

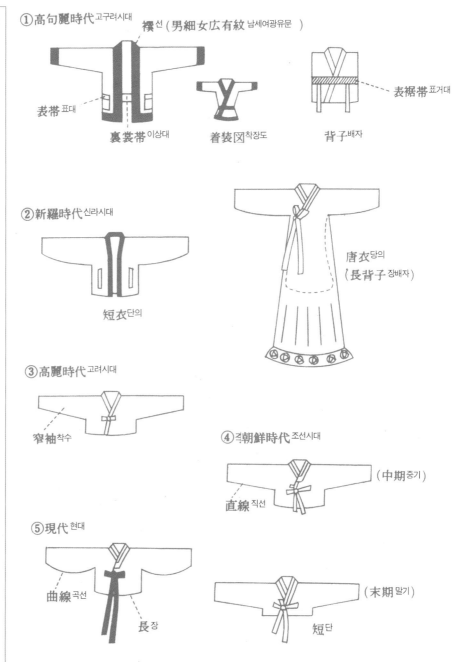

① 高句麗時代 고구려시대 　　褁선 ( 男細女広有紋 남세여광유문 )

表帶 표대

裏裳帶 이상대　　着裝図 착장도　　背子 배자

表裾帶 표거대

② 新羅時代 신라시대

唐衣 당의
( 長背子 장배자 )

短衣 단의

③ 高麗時代 고려시대

窄袖 착수

④ 곅朝鮮時代 조선시대

( 中期 중기 )

直線 직선

⑤ 現代 현대

曲線 곡선

長 장

( 末期 말기 )

短 단

# 제5장
## 근세후기의 복식

# 1. 明代<sup>명대</sup>의 복식

## 明代<sup>명대</sup>의 관복제도

13세기 초 동아시아에 혜성과 같이 나타난 몽골제국인 원나라는 순식간에 중앙아시아부터 서아시아 지역을 석권하였고, 또한 유럽 깊숙이 진출하여 발트해 연안까지 정복하였으나, 원나라 건국 겨우 백여 년 만에 멸망하고, 중국의 주인공은 다시 한민족의 명나라로 돌아갔다.

명의 태조 洪武帝<sup>홍무제</sup>는 즉위 후 즉시 조서를 내려 원나라 시기에 한민족에게 강요되었던 변발의 풍습을 고치고 호모, 호복 등의 착용을 금지하여 중국 전통의 복장을 입도록 하였다. 이와 같은 명대 초기의 민족주의는 송대보다도 훨씬 엄격하여 정복왕조의 습속을 일소하였고, 한민족 중심의 中華第一主義<sup>중화제일주의</sup>를 국시로 하였으며, 태조 洪武<sup>홍무</sup> 3년<sup>(1370)</sup>에는 기본 법전인 『大明集禮<sup>대명집례</sup>』를 제정하여, 6년에는 『大明律<sup>대명률</sup>』을 공포하였다. 명대의 관복제도는 이러한 법전들과 후에 神宗<sup>신종</sup> 萬曆<sup>만력(1573-1619)</sup> 년간에 공포된 『大明會典<sup>대명회전</sup>』, 『明史輿服志<sup>명사여복지</sup>』, 『三才圖繪<sup>삼재도회</sup>』 등에 의해 밝혀지고 있다.

명나라의 관복도 기본복식은 송, 원대의 복제를 계승하고 있으며, 『大明律<sup>대명률</sup>』에 의해 상당히 엄격한 금령이 제정되었다. 예를 들면, "제도를 어기고 僭用<sup>참용</sup>시에는 관리는 棍杖<sup>곤장</sup> 일백에 직위를 면하고 서훈을 박탈한다. 관직이 없는 자는 笞<sup>태</sup> 오십, 家長<sup>가장</sup>과 工匠<sup>공장</sup>도 태 오십으로 한다. 龍鳳文<sup>용봉문</sup>을 참용한 사람은 관민 모두 杖<sup>장</sup> 일백에 流刑<sup>유형</sup> 3년으로 한다." 등으로 정하여져 있다.

병사와 민간인, 승려, 도사 등의 상복에는 錦<sup>금</sup>, 綺<sup>기</sup>, 紵絲<sup>저사</sup>, 綾<sup>능</sup>, 羅<sup>라</sup>

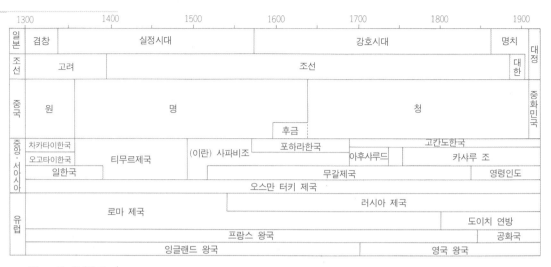

〈표 V-1〉 근세후기
참고년표

및 彩繡<sup>채수</sup>한 의복이 금지되었고, 玄<sup>현</sup>, 黃<sup>황</sup>, 紫<sup>자</sup>의 3색상의 의복을 입는 것
과 蟒<sup>망</sup>, 飛魚<sup>비어</sup>, 鬪牛<sup>투우</sup> 등의 문양을 이용하는 것도 금하였다.

명대에 복식제도의 개혁은 洪武<sup>홍무</sup> 6년<sup>(1873)</sup>, 홍무 26년, 成祖<sup>성조</sup> 永樂<sup>영락</sup>
3년, 嘉靖<sup>가정</sup> 7년 및 가정 8년에 걸쳐 5번이나 자주 실시되었으며, 그 대략
은 다음과 같다.

천자　祭服<sup>제복</sup> 大裘<sup>대구</sup>, 冕服<sup>면복</sup>, 袞服<sup>곤복</sup>

　　　朝服<sup>조복</sup>, 皮弁服<sup>피변복</sup>, 武弁服<sup>무변복</sup>, 燕弁服<sup>연변복</sup>

　　　常服<sup>상복</sup> 折上巾<sup>절상건</sup>, 烏紗帽<sup>오사모</sup>, 翼善冠<sup>익선관</sup>도 동형

황후　祭服<sup>제복</sup> 圓匡帽<sup>원광모</sup> 后에는 九龍四鳳冠<sup>구룡사봉관</sup>

　　　朝服<sup>조복</sup> 双鳳翊龍冠<sup>쌍봉익룡관</sup>

군신　朝服<sup>조복</sup> 梁冠<sup>양관</sup>, 公공 八梁<sup>팔량</sup>, 候伯一品<sup>후백일품</sup> 七梁<sup>칠량</sup>, 二品<sup>이품</sup> 六梁<sup>육</sup>
<sup>량</sup>, 三品<sup>삼품</sup> 五梁<sup>오량</sup>, 四品<sup>사품</sup> 四梁<sup>사량</sup>, 五品<sup>오품</sup> 三梁<sup>삼량</sup>, 六<sup>육</sup> · 七品<sup>칠품</sup>
二梁<sup>이량</sup>, 八<sup>팔</sup> · 九品<sup>구품</sup> 一梁<sup>일량</sup>의 순서이다.

특히, 명대 관복제도의 가장 큰 특색은 문무관의 계급장에 상당하는 補章<sup>보장</sup>의 제도를 정비한 것이었다. 홍무 26년의 개혁에 의해 신설된 補章<sup>보장</sup>은 표 V-2와 같다.

| | 문관 | 무관 | | 문관 | 무관 |
|---|---|---|---|---|---|
| 公<sup>공</sup>·候<sup>후</sup>·伯<sup>백</sup>·附馬<sup>부마</sup> | 麒麟<sup>기린</sup> | 白澤<sup>백택</sup> | 5품 | 白鷳<sup>백한</sup> | 熊羆<sup>웅비</sup> |
| 1품 | 仙鶴<sup>선학</sup> | 獅子<sup>사자</sup> | 6품 | 鷺鷥<sup>로사</sup> | 彪<sup>표</sup> |
| 2품 | 金鷄<sup>금계</sup> | 獅子<sup>사자</sup> | 7품 | 鸂鷘<sup>계칙</sup> | 彪<sup>표</sup> |
| 3품 | 孔雀<sup>공작</sup> | 虎豹<sup>호표</sup> | 8품 | 黃鸝<sup>황리</sup> | 犀牛<sup>서우</sup> |
| 4품 | 雲雁<sup>운안</sup> | 虎豹<sup>호표</sup> | 9품 | 鵪鶉<sup>척순</sup> | 海馬<sup>해마</sup> |

또한 位階<sup>위계</sup>의 상하에 관계없이 검찰, 사법의 일을 맡은 風憲官<sup>풍헌관</sup>은 獬豸<sup>해치</sup>, 雜職官<sup>잡직관</sup>은 練雀<sup>연작</sup>을 보장으로 표시하였다.

문무관은 평상시에도 盤領右衽袍<sup>반령우임포</sup>의 公服<sup>공복</sup>을 착용하였고, 그 복색은 4품 이상은 緋<sup>비</sup>, 5·6·7품은 靑<sup>청</sup>, 8·9품은 綠<sup>녹</sup>으로 하여, 漆紗僕頭<sup>칠사복두</sup>를 함께 썼다. 전술한 일본의 上杉景勝<sup>우에수기카게카쯔</sup>가 하사받은 관복은, 補章<sup>보장</sup>은 1·2품용의 獅子<sup>사자</sup>, 복색은 5품 이하가 착용하는 청색이고, 게다가 금지령응 내린 용문이 있는 등 명대 공식의 관복은 아니었다.

그림 V-1은 명의 세조 嘉靖帝<sup>가정제</sup>의 초상화로, 12장이 있는 黃龍袍<sup>황룡포</sup>에 烏紗翼善冠<sup>오사익선관</sup>을 쓴 제복이 그려져 있다. 그림 V-2는 宣宗<sup>선종</sup> 宣德帝<sup>선덕제</sup> 초상화로, 黃袍<sup>황포</sup>에 烏紗帽<sup>오사모</sup>를 쓴 조복이며, 두 점 모두 고궁박물원의 「역대제왕도」에 남아 있다. 그림 V-3은 밀라노 박물관에 소장된 成祖<sup>성조</sup> 永樂帝<sup>영락제</sup>의 絹本畵<sup>견본화</sup>로, 展脚烏紗帽<sup>전각오사모</sup>에 赤紫龍袍<sup>적자용포</sup>를 착용한 모습이 그려져 있다.

명대의 복식자료로서 최대의 것은 1958년에 발굴된 북경 교외의 명나라 13능의 하나인 定陵<sup>정릉</sup>의 지하궁전의 유품이라 할 수 있다. 정릉은 神宗<sup>신종</sup> 万歷帝<sup>만력제</sup> 및 두 명의 처 孝端<sup>효단</sup>과 孝靖<sup>효정</sup>황후가 묻혀있는 陵<sup>능</sup>으로, 부장된 복식품류는 제복, 조복을 비롯하여 면관, 被褥<sup>피욕</sup>, 鞋<sup>혜</sup>, 靴<sup>화</sup>, 盔<sup>회</sup>-갑옷 두식품, 수식품, 玉帶<sup>옥대</sup> 등이 있다.

그림 V-4는 정릉으로부터 발견된 金線<sup>금선</sup>으로 짜서 만든 익선관이다. 그림 V-5도 같은 정릉으로부터 발견된 만력제의 투구이다. 표면에는 玳瑁神像<sup>대모신상</sup>이 있고 꼭대기에는 金製神像<sup>금제신상</sup>이 장식되어 있고 寶珠<sup>보주</sup>에는 붉은 색술이 달려 있다.

그림 V-6은 宣宗<sup>선종</sup>의 기마상을 그린 것으로, 선종이 쓰고 있는 검은 헬멧상의 모자와 만력제의 투구는 모양이 매우 비슷하다. 말을 타고 있는 선종은 왼쪽 팔에 매를 앉히고, 왼쪽 손에는 短弓<sup>단궁</sup>을 들고 오른쪽에 화살통을 매달고, 武弁服<sup>무변복</sup>에 白鞾<sup>백화</sup>를 신고 있다.

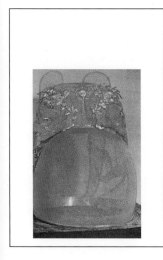

그림
V-4

그림
V-5

그림
V-6

〈그림 V-4〉黃金製 翊善冠(明) 북경·역사박물관
북경 교외 명대의 13능 중 하나인 定陵에서 출토된 신종 萬曆帝(1573-1620)의 유품. 능에는 만력제의 2인의 황후가 안치되어 지하궁전이라 불릴 만큼, 수도 없는 부장품이 발견되었다. 익선관은 極細金線으로 짜서 만들고, 관모의 전면에는 두 마리의 용이 金彫로 장식되었다.

〈그림 V-5〉萬曆帝의 甲冑(明) 북경·역사박물관 定陵에서 발견된 철제의 갑주. 표면에는 玳瑁에 神像을 透彫하여 붙였다. 정수리에는 金神像이 장식되었고, 寶珠에 朱毛의 술장식이 드리워졌다.

〈그림 V-6〉매사냥하는 선덕제(明) 대북·고궁박물관 매를 갖고 사냥을 하려 출타하는 선덕제로, 말위의 영웅적 자태를 그린 것이다. 백화를 신고 혁대의 양측에는 短弓과 화살통을 휴대하였다.

정릉의 두 황후의 유품 중에서 4개의 鳳冠봉관이 발견되었는데, 모두 부식이 심하며, 그림 V-7은 이것을 복원한 것이다. 명나라 제도에 의하면 전술한 바와 같이 황후의 봉관은 예복용의 九龍四鳳冠구룡사봉관과 상복용의 双鳳翊龍冠쌍봉익룡관의 두 종류가 있었고, 定陵정릉의 봉관은 六龍三鳳육룡삼봉과 十二龍九鳳십이룡구봉으로, 그것에 관해서는 『명사여복지』에도 기록되어 있지 않아, 특별히 부장용으로 제작한 것이 아닌가 한다. 그림 V-8은 명나라 말기 嘉靖가정-萬曆만력시기의 황태후의 초상으로 밀라노 박물관 소장의 비단그림인데, 그 봉관은 정릉의 것과 매우 유사하지만 쌍봉익룡관인 것으로 보인다. 황태후가 착용하고 있는 복식은 盤領緋色반령비색의 용포이며 어깨에 領佩영패를 두르고 있다. 그림 V-9는 永樂帝영락제의 황후 孝文효문의 화상으로 역시 쌍봉익룡관을 쓰고, 황포에 金絲龍紋금사용문의 자수가 있는 붉은색 하피를 걸치고 있다. 그림 V-10은 용봉잠을 꽂고 鞠衣국의를 입은 태조의 황후 孝慈高효자고의 초상화이다.

또한, 명대의 복제에 규정되어 있는 세목에 의하면, 騎乘兵기승병 이외의

<table>
<tr><td>그림 V-7</td><td>그림 V-8</td><td>그림 V-9</td></tr>
<tr><td colspan="3">그림 V-10</td></tr>
</table>

〈그림 V-7〉황후의 鳳冠(明) 북경·역사박물관　定陵에는 만력제의 2인 황후 효단, 효정이 합장되었고, 황후의 유품에서 4개의 봉관이 발견되었다. 그 가운데 1개를 복원한 것으로 9봉과 12룡이 장식된 용봉관이다. 그러나 명대 문헌에는 기록되어 있지 않다.

〈그림 V-8〉명대의 황태후(明) 이태리·밀라노박물관　명대 후기 황태후를 그린 견본화이며 누구인지는 확실하지 않다. 용봉관, 眞紅補服을 입고 領佩를 양어깨에 걸쳤다. 보복은 盤領袍이고 보장에는 금용이 자수되었다. 황태후의 이마 머리 언저리선의 일직선형은 明末부터 淸代에 이르기까지 유행한 화장법의 하나이다.

〈그림 V-9〉成祖황후의 초상(明) 대만·고궁박물원　성조 영락제의 황후 孝文의 초상으로 "明代皇后像册" 가운데 하나. 雙鳳翅龍冠, 금용을 자수한 朱色의 內袍와 영패, 그리고 황색 外袍를 입은 성장차림이 묘사되었다.

〈그림 V-10〉용봉관과 국의(명)

步卒보졸은 對襟대금의 의복을 입을 수 없고, 모두 交領교령으로 착용하였다. 다만, 명대 말기 즈음이 되면, 갑옷 위에 걸쳐 입는 망토상의 罩甲조갑이 무관 사이에서 유행하였다. 이 조갑은 騎兵기병, 步兵보병에 관계없이 모두 對襟대금이었다. 또한 사대부 사이에서 半臂반비라 칭하는 소매가 없는 상의가 유행하였는데, 무관은 이를 蔽甲폐갑이라 하여 갑옷 위에 착용하였다. 반비는 일본의 전국시대의 陣羽織진바오리와 대단히 유사한 것이다. 그림 V-11은 가정제가 皇陵황릉에 참배하기 위하여 무장승마의 모습으로 출행하는, 그림 V-12는 衮服곤복의 祭服제복을 입고 귀환하는 광경을 그린 것으로, 무관 복식의 기병과 보병, 용 문양 있는 朱衣주의를 입은 문관이 함께 수행하고 있다.

| 그림 V-11 | 그림 V-12 |
| --- | --- |

〈그림 V-11〉世宗出行圖
(明) 대만·고궁박물원 세
종 가정제가 皇陵에 참배하
기 위하여 궁정에서 출어하
는 모습이다. 황제의 보장
은 갑주를 입은 군장이고
이를 경호하는 갑주차림의
무관들과 수행하는 蟒文의
朱衣를 입은 문관이 보인
다.
〈그림 V-12〉세조 원행도
(명)

### 명대의 일반복식

명대의 초기에는 安南<sup>안남</sup>의 정복과 몽골의 원정 등 외정도 상당히 활발하였으나, 중기 이후에는 오로지 내정의 충실에 중점을 두고, 복고적 국수주의 무드가 만연하여, 복장 일반에도 한민족 고유의 넓은 소매와 길이가 긴 寬衣<sup>관의</sup>가 유행하였다. 그러나 명대 말기경에는 남방의 해상교통이 활발하여 네덜란드나 포르투갈의 상인과 선교사의 왕래가 빈번하여져, 중국인의 중화제일주의도 차차 변모하여 근대의식에 눈을 뜨게 되었다.

그림 V-13은 명대의 화가 杜董<sup>두근</sup>이 그린 문인의 풍속으로, 송나라에서 명대 초기에 이르는 사대부 계급의 가정생활을 나타내고 있다. 주인공은 관대한 深衣<sup>심의</sup>, 부인은 長衫<sup>장삼</sup> 위에 옆이 트인 短袍<sup>단포</sup>를 걸쳐 입고, 腰飾<sup>요식</sup>을 드리우고 있다(그림 V-14). 그림 V-15는 명말부터 淸初<sup>청초</sup>에 걸쳐 활약했던 화가 焦秉貞<sup>초병정</sup>이 그린 상류사회의 仕女<sup>사녀</sup>의 그림으로, 선교사와도 왕래하며 전통중국화에 서양화의 기법을 도입하였고, 후에 「耕織圖<sup>경직도</sup>

46폭」(그림 V-16)을 그렸으며, 그가 그린 사녀의 복장은 명대부터 청대에 이르는 과도적 풍속의 묘사로서 주목할 만하다.

이외에 명대 복식자료로는 仇英구영, 丁雲鵬정운붕, 崔子忠최자충 등의 풍속화가 있고, 복식제도의 세부에 대해서는 『三才圖繪삼재도회』 등이 중요한 자료이다.

| 그림 V-13 | 그림 V-14 |
| 그림 V-15 | 그림 V-16 |

〈그림 V-13〉 명대의 문인(明) 대만·고궁박물원 明代 인물화의 제1인자 杜董이 그린 文士閑居의 풍속화. 宋代부터 明代에 걸쳐 문인, 사대부의 가정안에서의 복장은 복제와는 무관하게 헐렁한 심의를 입고 세조대를 매며 두건을 썼다. 뒤편의 시녀복장은 宋代 상류사회의 복장과 전혀 다름이 없다.

〈그림 V-14〉 명대의 道士(明) 이태리·밀라노박물관 절상건과 도관을 쓰고 흑선을 댄 薄黃色의 헐렁한 심의를 입은 도사의 모습이다. 평상시 회색 심의를 입는 경우가 많다.

〈그림 V-15〉 청대 초기의 궁녀(淸) 대만·고궁박물원 청대초기의 화가 焦秉貞의 작품으로 상류시회에서 일을 보는 仕女의 일상생활모습이다. 서양화의 기법이 들어와 종래 중국화와는 분위기가 다르다. 5인의 여성은 廣袖의 裙襦에 대를 맨 명대의 양식과 소매가 좁은 女袍를 입은 淸代 양식의 두 스타일이 있고 신분이 다른 것을 보여준다.

〈그림 V-16〉 직조하는 부인(경직도)

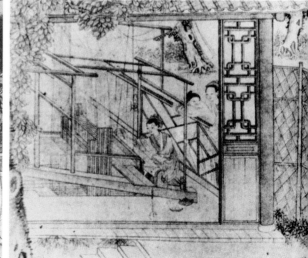

# 2. 청대의 복식

## 만주족의 지배와 청대의 복제

청왕조는 중국 동북부에 있던 여진족 金<sup>금</sup>나라의 후예로, 처음에는 後金<sup>후</sup><sup>금</sup>이라 칭했는데, 명을 멸망시킨 3대 세조 順治帝<sup>순치제</sup>가 북경에 입성한 순치 4년<sup>(1647)</sup> 전국에 변발령을 내리어 "10일 이내에 剃髮<sup>체발</sup>하여 복종의 증표로 하라."고 모든 漢人<sup>한인</sup>에게 명령하고, 이를 따르지 않는 사람은 용서없이 참수형에 처하였다. 또한 복장도 모두 만주복으로 바꿀 것을 강요하였다. 만주복은 여진이래의 만주족 고유의 복장으로 한인은 이를 旗袍<sup>기포</sup>라고 칭하는데, 일본에서는 소위 중국복이라 하는 옷이다. 旗<sup>기</sup>는 만주족의 통치체제인 八旗<sup>팔기</sup>제도에 따르는 행정구분으로, 한인은 만주인을 기인이라 불렀다.

그림 V-17은 이태리 선교사 카스텔리요네가 그린 마상의 乾隆帝<sup>건륭제</sup>와, 황제와 종자는 모두 旗袍<sup>기포</sup>를 입고, 만주식의 吉服冠<sup>길복관</sup>을 쓰고 만주식의 장화를 착용하였다.

청나라의 복식제도가 처음으로 정비된 것은 2대 태종 崇德<sup>숭덕</sup> 원년<sup>(1636)</sup>으로, 국호를 大淸<sup>대청</sup>이라 칭했는데, 이 숭덕령의 특색은 어디까지나 고유의 만주양식을 보존하고 지키려고 한 것이다. 즉 승마에 적합하도록 예복의 앞자락을 터놓고, 玉帶<sup>옥대</sup>의 佩飾<sup>패식</sup>

〈그림 V-17〉 승마의 건륭제(淸) 대만 · 고궁박물원 高宗乾隆帝(1735-1795)가 임명한 이태리의 선교사 카스틸리오네郎世寧가 묘사된 春郊閱駿圖卷의 일부 홍자색 만주복 冬鳥冠을 쓴 기마의 건륭제와 수행하는 황토색의 만주복을 입은 신하의 자세가 洋畵筆法으로 능란하게 그려졌다.

에는 활을 쏠 때 팔을 보호하는 팔깍지를 더하기도 하였다. 3대 순치제는
더욱 철저히 근본적인 개정을 하였는데, 중국왕조 전통 복식제도의 일부는
그대로 계승하여, 천자의 제복에 12장을 사용하였고, 문무관의 補章보장제도
도 명대의 제도를 답습하였다. 그러나 복제의 기본은 어디까지나 만주고유
의 胡服窄袍호복착포였으며 관모도 모두 만주식으로 개정하였다.

건륭대(1736-1795)에 이르러, 朝服조복에 雨冠우관, 雨衣우의, 雨裳우상 등이 더하
여졌고, 또 원나라 제도와 같이 여름용과 겨울용의 복장을 구별하였다. 이
것은 만주족이 한랭한 만주출신이기 때문이었다. 『大淸會典대청회전』에 기록
된 관복을 크게 구별하면 48종이 있는데, 그 내용은 다음과 같다.

皇族황족 6종, 王族왕족 35종, 公候伯공후백 5종, 品官품관·命婦명부 1종, 士庶사서
1종이며 이상의 복식을 착용하는 경우에 따라 구별하면, 다음 4종과 같다.

제1공식용은 朝服조복
제2공식용은 吉服길복
通常통상용은, 常服상복으로 문무관은 조복, 길복만 있으며
여행용은 行服행복이다.

〈그림 V-18〉 단조(청)

세부내용을 살펴보면 조복 및
길복의 구성은 다음과 같다.

조복은 朝冠조관, 端罩단조-모피
의 겉옷(그림 V-18), 袍포, 朝珠조
주 裙군이며

길복은 길복관, 상복, 補服보복,
조주로 갖추어진다.

또, 조복, 길복은 계절이나 날씨에 따라 달라진다(그림 V-19).

〈그림 V-19〉夏冠과 冬冠 (淸) 대만·역사박물관　청 대의 복제는 조복 조관으로 여름용과 겨울용의 2종류 가 있다. 겨울에는 펠트제 의 동관을, 여름에는 마포 를 다듬은 펠트상의 하관을 쓴다. 冠頂에는 모두 朱房 과 寶珠를 붙이고 보주에는 보석의 색을 다르게 하여 계급을 구별하였다.

태음력으로 3월 20일경에서 9월 20일경까지 夏冠하관, 夏服하복을 착용하고 9월 20일경에서 다음해 3월 20일경까지는 冬冠동관, 冬服동복을 구비한다.

눈 비오는 날은 조복, 길복 위에 雨冠우관 雨衣우의, 雨裳우상을 더한다.

조관의 동관은 황색담비 또는 흑색여우의 모피로 만들고, 冠頂관정의 금색 臺坐대좌 위에 보석을 장식하여 품급에 따라 그 종류를 달리하였다. 관모의 상부는 모두 絨纓융영이라 하여 朱毛주모로 덮고, 보석 위에는 紗纓사영이라 칭하는 주색의 술을 늘어뜨렸다.

夏冠하관은 細藤세등 또는 紫竹자죽으로 짠 笠帽입모로, 상부를 朱毛주모로 덮고, 冠頂관정에 보석이나 주색 술을 다는 것은 冬冠동관과 같으나, 武官무관은 관정에 翎子영자라고 하는 새깃을 꽂았다. 또, 같은 동관에도 조관과 길복관은 그 형태에 다소 차이가 있

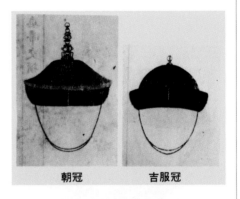

朝冠　　吉服冠

〈그림 V-20〉황제의 동관 (청)

었다. 그림 V-20은 『대청회전』에 그려있는 황제의 冬冠圖동관도이다.

길복에 착용하는 補服보복은 補子보자를 붙인 옷을 말하며, 천 조각에 각 계급에 상당하는 補章보장을 오색실로 자수를 놓은 것을 보자라고 한다. 청나라의 보장은 명제를 거의 답습하였다. 그림 V-21·22는 문관 및 무관의 모자이다.

| 그림 V-21 | 그림 V-22 |

〈그림 V-21〉飛鶴文의 胸背(朝鮮) 서울·국립중앙 박물관 흉배는 관복의 가슴과 등에 붙이는 계급 장 제도로 명대에 행하여 져 청대와 조선에도 이제 도가 행하여졌다. 조선 1 품관이 사용하는 운학문의 흉배이다.

〈그림 V-22〉雙虎文의 흉배(朝鮮) 서울·국립중앙 박물관 무관 최고의 1품 관이 사용하는 쌍호문을 자수한 흉배이다. 품급에 따른 문양을 자수한 정방 형의 포를 흉배라 하며 이 를 붙인 단령을 관복이라 고도 한다.

조주는 산호나 靑金石청금석, 綠松石녹송석 등의 보석을 이어 만든 염주로, 어깨에 걸었는데, 이러한 풍습은 퉁구스족의 샤만 신앙에 기인한 것으로 생각된다.

그림 V-23은 건륭황제 노년의 초상화로 동관, 보복, 白珠백주의 조복을 입은 모습이고, 그림 V-24는 청나라 말기의 고위관리 左宗棠좌종당의 여름 조복 사진으로 夏冠하관, 補服보복, 朝珠조주가 보인다.

| 그림 V-23 | 그림 V-24 |

〈그림 V-23〉晚年의 乾隆帝(淸) 이태리·밀라노박물관 용포 위에 靑色仙鶴補服과 冬冠에 白珠를 걸친 晚年의 건륭제를 그린 견본 화이다.

〈그림 V-24〉하조복(청)

하급관으로 보복을 입지 않은 자는 補子<sup>보자</sup>를 꿰매서 붙인 袍<sup>포</sup>(그림 V -25)를 착용하고, 보를 직접 옷에 자수한 보복(그림 V-26)도 있었다. 조복, 길복포의 형태도 직위에 따라 달랐다. 그림V-27은 길이가 짧은 農官<sup>농관</sup>의 포이며, 그림 V-28은 樂生<sup>악생</sup>의 포로 付袖<sup>부수</sup>가 없다. 그림 V-29는 白紗<sup>백사</sup> 로 만든 여름용 포이다.

조복, 길복에는 각각 조대, 길복대가 사용되었는데, 혁대에는 황금이나 옥, 貴石<sup>귀석</sup> 등의 작은 판을 붙이고, 패식품을 늘어뜨리기 위한 금속의 고리 를 붙였다. 혁대의 색은 황, 적, 청, 녹, 흑, 백이 있고, 계급에 따라 구별이 있었다.

| 그림<br>V-25 | 그림<br>V-26 | 그림<br>V-29 |
|---|---|---|
| 그림<br>V-27 | 그림<br>V-28 | |

〈그림 V-25〉 보자가 있는 포(청)

〈그림 V-26〉 보복(청)

〈그림 V-27〉 농관의 포(청)

〈그림 V-28〉 악생의 포(청)

〈그림 V-29〉 白紗袍(淸) 대만·역사박물관　紗로 만들어진 여름용 袍. 朝服 의 경우에는 위에 補을 덧입었다. 이 보복은 바탕 무늬는 없으나 황제용으 로는 용무늬가 있는 龍紗 袍를 입는다.

황후와 명부 등 궁정부인의 공복에도 조복, 길복의 구별이 있었고, 조복 에는 朝褂<sup>조괘</sup>와 여름용, 겨울용 각각의 朝袍<sup>조포</sup>가 있었다. 褂<sup>괘</sup>는 포 위에 입 는 겉옷으로 길이가 짧은 반소매와 소매가 없는 背心<sup>배심</sup>형태이며, 對襟<sup>대금</sup> 과 交襟<sup>교금</sup>의 두 종류가 있었다.

褂괘는 남자의 조복에도 착용되었는데, 그림 V-30은 황제의 金糸龍文금사용문 조괘이고, 그림 V-31은 용문이 있는 흑색 조괘를 입고, 동관을 쓴 嘉慶帝가경제(1796-1820)의 초상으로 학 문양의 보장이 달린 조포를 착용하고 鳳冠봉관을 쓴 두 명의 妃비와 함께 그려져 있다. 그림 V-32는 황제 常服상복의 괘이고, 그림 V-33은 황후의 조괘인데 모두 龍文용문의 자수가 있다. 그림 V-34는 배심형태인데 황후의 조괘, 그림 V-35는 고급 무관용 사자문의 조괘이다.

| 그림 V-30 | 그림 V-31 |
|---|---|
| 그림 V-32 | 그림 V-33 |

〈그림 V-30〉 龍文의 朝褂(淸) 동경·杉野여자대학 양어깨와 가슴, 옷자락 앞에 金糸龍文刺繡가 있는 황제용 조괘이다. 괘는 포 위에 착용하는 소매와 옷자락이 짧은 하오리에 해당하는 의복이다. 황제용의 용문은 2각 5조룡이고 2각 4조룡은 蟒이라고 하며 모습은 비슷하나 용과는 구별된다.

〈그림 V-31〉 조복의 황제와 二妃(淸) 이태리·밀라노박물관 자색용포 위에 對襟 용무늬의 흑색 조괘를 입고 동조관을 쓴 황제와 봉관을 쓰고 仙鶴補子를 단 조복차림의 2황비가 그려져 있다. 청조후기 황제로, 아마 嘉慶帝(1796-1820)라고 생각되나 확실하지는 않다.

〈그림 V-32〉 황제용 상복의 괘(청)

〈그림 V-33〉 황후용 상복의 괘(청)

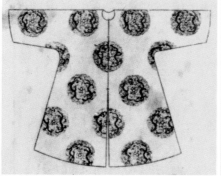

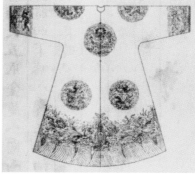

| 그림<br>V-34 | 그림<br>V-35 |
|---|---|

〈그림 V-34〉 황후용 용문<br>조괘(청)

〈그림 V-35〉 고급 무관용<br>사자조괘(청)

그림 V-36은 명부이하의 신분에서 착용하는 조괘이며, 그림 V-37은 길복괘로 모두 對襟<sup>대금</sup>이다. 그림 V-38은 交襟<sup>교금</sup>의 조괘이다. 그림 V-39는 여름용 길복포이며 공식적인 경우에는 여름에도 그 위에 補服<sup>보복</sup>의 괘를 착용했다. 다만 그림 V-40·41·42에 보이는 명부이하 신분이 착용하는 괘와 포는 궁정관리의 조복, 길복에 한정되지 않고, 일반 민간의 예장용으로

| 그림<br>V-36 | 그림<br>V-37 |
|---|---|

〈그림 V-36〉 여자용 괘<br>(淸) 동경·杉野<sup>스기노</sup>여자<br>대학 緞 바탕에 자수로 된<br>괘로 袍 위에 착용하는 일<br>종의 하오리이나, 조복과<br>함께 입을 때에는 보자를<br>붙여 입는다. 궁정용이라면<br>명부의 조괘에 해당한다.

〈그림 V-37〉 여자용 襖<br>(淸) 동경·杉野<sup>스기노</sup>여자<br>대학 같은 괘이지만 吉服<br>에 병용할 때는 괘를 입고<br>단독 상의로 착용하면 襖<sup>오</sup><br>라고 한다. 주색단 바탕에<br>자수가 있고 반드시 궁정<br>부인에 한정되지 않고 민<br>간에서도 부인들의 예복으<br>로 착용하는 경우도 있다.

| 그림 V-38 | 그림 V-39 | 그림 V-40 |

〈그림 V-38〉交襟女褂(淸) 대만·역사박물관 궁정 혹은 귀족사회의 여성용 상의이다. 복제상의 명칭은 褂이나 민간에서는 馬褂兒라 하여 하오리에 해당하는 의복이며 어느 경우에도 포복의 위에 입는 것으로 단독으로 착용되는 의복은 아니다.

〈그림 V-39〉여름의 女袍(淸) 대만·역사박물관 얇은 견으로 만든 여름용의 吉服袍으로 보인다. 복제상으로는 命婦이하에서 사용한 것이며 자수가 된 선이 있다.

〈그림 V-40〉청나라 부인의 盛裝 대만·王宇淸 소장 청대 상류부인의 복장으로 상의인 褂는 자·청·적·백색이 조합되어 금은사로 수하고 옷자락에는 황색술이 달려있다. 裙에도 적·자·백색으로 조합된 금사의 자수가 놓여있고 옷깃은 대금이다. 화잠을 머리에 꽂고 진주장식을 걸친 청조말기 예장을 복원한 것이다.

〈그림 V-41〉황후용 동조관(청)

혼례와 祭儀제의에 자주 사용되었으며, 궁정의 관리가 공식적으로 착용할 경우에는 반드시 補子보자를 붙였다. 그림 V-40은 청나라 말기 궁정부인의 공복 착용을 복원한 것으로 포 위에 괘, 裙군을 입은 모습이다.

공복의 경우 부인도 관을 썼는데, 거기에도 여름용과 겨울용의 조관과 길복관이 있었다. 겨울용 조관은 그림 V-41에 보이는 것처럼 董貂동초의 모피로 만들고, 상부는 朱毛주모로 덮었고, 관의 꼭대기에는 金鳳금봉이나 보석으로 장식하였다. 여름용 조관 및 길복관은 청색 felt펠트로 만든 것이며 만주족의 부인용 펠트모를 의례용으로 고친 것이다. 그림 V-42는 펠트로 만든 길복관을 쓴 청조 초기의 황비

| 그림<br>V-42 | 그림<br>V-43 | 그림<br>V-44 |
| --- | --- | --- |
| | | 그림<br>V-45 |
| | | 그림<br>V-46 |

〈그림 V-42〉 청대의 황비(淸) 이태리·밀라노박물관 청조말기 황비의 초상화로 반령에 비취장식의 칼라가 달린 흑색 滿洲袍를 입었다. 金簪을 장식한 펠트제의 滿洲帽를 쓰고 금제 귀거리를 한 순만주식 복장이 묘사되어 있다.

〈그림 V-43〉 황태후의 초상(淸) 이태리·밀라노박물관 순백색의 내포 위에 금용을 자수한 자색 보복(보장은 선학)을 입고 용봉관과 옥대를 한 황태후의 초상으로 청대후기의 견본화이다.

〈그림 V-44〉 황후의 초상(淸) 이태리·밀라노박물관 청색포위에 주색보복(보-선학)을 입은 청대후기의 초상화로 황태후와 같이 용봉관을 썼다.

〈그림 V-45〉 양파두의 두식(청)

〈그림 V-46〉 황후용 동조군(청)

초상화로 복장은 盤領반령의 만주복이다.

또한 이러한 조관, 길복관 이외에 황태후, 황후가 착용하는 관모로 명나라와 같은 鳳冠봉관도 있었다. 그림 V-43·44는 모두 봉관을 쓴 황태후와 황후의 초상화이다. 또한 관은 아니지만 궁정부인의 머리장식으로 鳳簪봉잠과 把頭파두가 있었다. 그림 V-45는 청 말기의 慶親王妃경친왕비의 사진으로 玳瑁대모로 만든 봉잠에 兩把頭양파두라고 하는 특수한 머리장식을 하고 있다. 그 이외의 부인의 복장에는 그림 V-46과 같은 朝裙조군이나 吉服裙길복군이 있고, 또 복식의 장식용품으로 깃을 장식하

는 縷金<sup>누금</sup>이나 珊瑚<sup>산호</sup>가 있으며, 耳飾<sup>이식</sup>, 佩巾<sup>패건</sup> 등이 있는데 모두 만주족 고유의 복식을 제도화한 것이다(그림 V-47). 문무관이 착용하는 관모장식으로 관의 꼭대기에는 1품은 紅石<sup>홍석</sup>, 2품은 산호, 3품은 藍石<sup>남석</sup>, 4품은 靑金石<sup>청금석</sup>, 5품은 수정, 6품은 磧碼<sup>적</sup><sup>매(조개의 일종)</sup>의 색채로 품급을 구별하였다. 청대의 군대는 八旗制<sup>팔기제</sup>로 편성되었는데, 그림 V-48은 청대의 군복착용 모습으로 왼쪽이 장교용, 오른쪽이 병졸용이다.

〈그림 V-47〉 香妃의 초상 (淸) 대만·고궁박물원 선교사 카스틸리오네가 그린 香妃의 초상화. 향비는 건륭제의 寵妃로 위그르출신이었다. 주포위에 서양식의 철갑과 철주를 입은 유화그림이다.

〈그림 V-48〉 청군 8기의 군장

## 청대의 복식자료와 복장 일반

청대의 복식 자료는 시대가 가까워 풍부한 유물이 많이 남아있다. 특히 북경, 대만의 고궁박물원 및 역사박물관을 비롯하여, 중국 각 省<sup>성</sup>의 박물관이나 런던, 파리, 보스톤 등의 세계의 주요 박물관에 龍袍<sup>용포</sup>나 蟒袍<sup>망포</sup>, 龍褂<sup>용괘</sup> 등의 유품이 대다수 수장되어 있다. 일본에도 文化<sup>분까</sup>, 杉野<sup>수기노</sup>의 두 여자대학교를 비롯하여, 민간에 소유되고 있는 청대의 복식자료는 상당히 많다. 또 일반 서민의 복장에 이르러서는 오늘날에도 여전히 중국의 농촌과 奧地<sup>오지</sup>, 대만, 홍콩 등에서는 청대 말기와 다르지 않은 의복생활을 하고 있기 때문에, 복식사적 흥미보다는 민족학적 흥미로 청대복식은 조사 대상이 되고 있다.

미술자료로서는 禹之鼎<sup>우지정</sup>, 丁觀鵬<sup>정관붕</sup>, 高其佩<sup>고기패</sup> 등의 풍속화나 도자기, 공예품에 묘사된 인물상 등도 많고, 문헌으로는 官服<sup>관복</sup>에 대해서는 『大淸會典<sup>대청회전</sup>』, 서민복에 대해서는 『淸俗紀聞<sup>청속기문</sup>』이나 井上紅梅<sup>이노우에 코우바이</sup>의 『支那風俗<sup>지나풍속</sup>』 등이 있다.

청대 서민 일반의 대표적 복장은 旗袍<sup>기포</sup>인데, 회화자료나 『紅樓夢<sup>홍루몽</sup>』 등의 소설에 나타나는 중국인의 복장은 반드시 기포만은 아니다. 그림 V-49는 도자기 표면에 묘사된 궁정 부인의 그림으로 명나라의 복식 스타일을 연상하게 한다. 그림 V-50의 姚文瀚<sup>요문수</sup>가 그린 귀족의 궁정생활모습으로 정월의 잔치 풍경에도 만주 양식은 거의 보이지 않는다. 그림 V-51의 丁觀鵬<sup>정관붕</sup>의 「賞月圖<sup>상월도</sup>」도 마찬가지다.

〈그림 V-49〉 鹿車文의 大皿(淸) 동경박물관 '오채 부녀녹거문반'이 정식명칭이다. 반은 큰 그릇을 이르며 청대 도예의 일품이다. 궁녀가 작은 사슴에 꽃차를 끌고 가는, 연회를 준비하는 광경을 오색 빛으로 표현하였으나 궁녀의 복장은 청대의 것은 아니며 宋, 明代를 상상하여 그린 것이다.

〈그림 V-50〉 귀족의 잔치(淸) 대만·고궁박물원 淸代의 화가 姚文瀚가 그린 귀족의 정원에서 베풀어진 연회풍경이다. 주인 공부처 하객 시녀와 동자 등 한인귀족의 생활풍속을 묘사한 것으로 귀중하다. 청대의 풍속이라기보다는 명대의 풍속을 주제로 한 것으로 생각되나 만주세력이 크지 않은 중국남부의 한인 귀족 간에는 명대의 유속이 상당히 남아 있던 것도 사실이다.

〈그림 V-51〉 궁녀의 달구경그림(淸) 대만·고궁박물원 청대의 화가 丁觀鵬이 그린 賞月圖이다. 가운데에 주색 포와 청색 포의 여성이 주인이며 둥근 부채로 부채질하는 시녀와 과일을 든 시녀도 보인다. 머리는 모두 垂髮이며 玉簪, 耳飾과 首飾이 보인다. 주인역의 2인은 白襲 위에 꽃문양의 短裙을 겹쳐 입고 요패를 찼다. 領巾이 길게 땅에 끌린다. 명대에 해당하는 분위기가 어울린다.

이상의 청대에 보이는 명나라 궁정풍습의 회화는 당시 화가가 漢族<sup>한족</sup> 출신이었기 때문에 한인 지배의 명조를 그리워하여 명대의 풍속으로 그린 것이라는 견해도 있다. 그러나 청대에 만주 旗人<sup>기인</sup>의 생활은 다르지만, 압도적 다수인 한인 사회에는 한민족 전통의 습속이 계승되고 있어 명대와는 그다지 다르지 않은 복식 생활을 하였던 것이 명백하다. 다만 농민이나 노동자 계급은 관대한 한인의 심의보다는 활동하기 편한 만주인의 호복이 일상생활의 옷으로 착용되고, 관혼상제 등의 의식에는 전통의 중국 양식이 행하여졌다. 일본이 明治<sup>메이지</sup>시기 이후 양복을 도입했을 때의 사정과 비슷하지만, 한민족의 경우는 이미 남북조 이래의 호복 예찬 전통이 있었기 때문에 만주복의 착용에 대해서도 그다지 저항은 느끼지 않은 것으로 생각된다.

그러나 태평천국의 난<sup>(1850-1864)</sup>이 전국에 파급될 무렵, 민간의 복장에 길이의 장단 품의 廣狹<sup>광협</sup> 등 제멋대로의 양식이 연이어 등장하고, 남녀의 차

별도 복색도 가지각색으로, 漢式<sup>한식</sup>, 洋式<sup>양식</sup>과 滿洲式<sup>만주식</sup>이 혼연일체가 되어 유행하였다. 이것도 일본의 鹿鳴館<sup>로쿠메이칸</sup>시대와 유사하다. 1911년 孫文<sup>손문</sup>에 의한 辛亥革命<sup>신해혁명</sup>으로 청조는 붕괴하고 중화민국이 성립되었다. 중화민국시기에 군인이나 지식인 사이에는 양복이 입혀졌지만 대개 공식적인 경우가 많고 일상생활에는 만주복을 입었다. 특히 일반 서민이나 부인들 사이에는 만주복이 널리 입혀지고, 중국 사회의 내부 깊이까지 침투하였는데, 만주복의 기능성과 가정에서 간단하게 봉제할 수 있는 편리함으로 인하여 선호하게 되었다. 세계적으로 중국복, 또는 Chinese Dress<sup>차이니즈 드레스</sup>로 마치 중국 전통의 복장이라고 생각되는 옷은 바로 청대의 만주복인 셈이다.

청대의 염직공예는, 명대에 발전한 직물생산 위에 화려한 봉박을 계승한다. 명대에 염직 기법이 현저히 발전하여 錦<sup>금</sup>, 金襴<sup>금란</sup>, 刻絲<sup>각사</sup>, 刺繡<sup>자수</sup>, 緞子<sup>단자</sup>, 羅<sup>라</sup> 등의 각종 고급 직물이 생산되었는데, 청대에 들어와 명대 이상의 화려함이 더해져 乾隆<sup>건륭</sup>시대에는 염직공예가 최고조에 달하였다. 특히 자수는, 명대에 발달한 金箔絲<sup>금박사</sup> 혼용의 色絲<sup>색사</sup>로, 花鳥文<sup>화조문</sup>을 수놓은 縫箔<sup>봉박</sup>기법을 계승하여 복식에도 자수와 봉박이 널리 사용되었다. 그림 V-52도 그러한 청대 자수 대표작품 중의 하나이다.

〈그림 V-52〉 화조문 자수 (淸) 대만·역사박물관 청대의 자수는 명대에 발달했던 금박 은박 채사를 섞어 화조문을 수놓아 소위 봉박의 기법이 전승되어 비약적인 발전을 하였다. 오늘날 蘇州의 자수인 蘇繡라고 불리는 소위 중국 자수공예와 청대에 이르러 완전함을 보여주었으며, 花鳥縫箔의 하나이다.

漢<sup>한</sup>민족이 가장 강하게 저항을 한 변발은 동아시아 기마민족 사이에 전하여진 전통적인 머리모양이었는데, 청대의 변발은 특히 남자의 剃頭<sup>체두</sup> 변발을 가리킨다. 정수리의 모발만 남기고 주위를 깎아낸 후, 남겨진 긴 머리를 땋아서 등에 드리우거나, 또는 머리에 둘러 감았다. 이와 같은 풍속은 만주인 특유의 것으로, 청대 후반이 되자 거의 중국 전지역으로 보편화되었는데, 남자 뿐만 아니라 미성년의 남녀도 변발을 했으며, 여자아이의 변발은 3갈래로 땋은 三星辮<sup>삼성변</sup>, 2갈래로 땋은 二星辮<sup>이성변</sup>, 1갈래로 땋은 馬毛辮<sup>마모변</sup>의 3종류가 있었다. 남자아이도 3, 4세경이 되면 정수리와 귀밑머리만을 남겨 色絲<sup>색사</sup>로 묶어 總角<sup>총각</sup>이라고 하였으며 13, 14세 즈음의 冠禮<sup>관례</sup>시에는 총각을 어른의 변발로 바꾸었다.

청대에 유행하여 세계의 奇習<sup>기습</sup>으로 알려진 纏足<sup>전족</sup>은, 오대 10국의 南唐<sup>남당(937-975)</sup> 무렵부터 행해졌는데, 乳兒<sup>유아</sup> 여자아이의 발을 천으로 감아 묶어 그 발육을 인위적으로 억제하여 성인이 된 후에도 여전히 유아의 발형태로 고정시키려고 한 것으로, 1000여 년 동안 계속된 악습의 하나이다. 이러한 풍습이 왜 중국에서 유행하였는가? 주된 이유는 다음과 같이 전해진다. 그 하나는 작은 발이 여성미를 상징한다고 여겨진 것이고, 둘째는 여성의 외출을 금하여 가정 안에 가두어 두기 위한 것이고, 셋째는 전족의 발 자체를 性戲<sup>성희</sup>의 대상으로 한 것이며, 넷째는 인체 변형을 일종의 예술이라고 생각한 도착 심리 등의 이유를 열거한다.

南宋<sup>남송</sup> 이후 전족의 풍습은 중국 전역으로 퍼지게 되고, 명대에는 하층 노동자의 전족이 한때 금지되었지만, 청대가 되면 만주족 사이에서도 이 풍습이 유행하기 시작하였기 때문에 1664년 강희제는 만주인의 전족을 금지하는 칙령을 내렸다. 그러나 漢人<sup>한인</sup>들 사이에서는 한층 더 유행하였기 때문에, 이를 막기 위하여 태평천국 시대에는 不纏足同盟<sup>부전족동맹</sup> 등도 만들어졌다. 외국인 선교사도 그 폐해를 지적하고, 康有爲<sup>강유위</sup>의 개혁에서도 전족 금지를 외쳤으나 좀처럼 쇠퇴하지 않았다. 1902년 스스로도 전족을 한 사람인 西太后<sup>서태후</sup>가 전족금지령을 내리므로 드디어 이 악폐도 불기운이

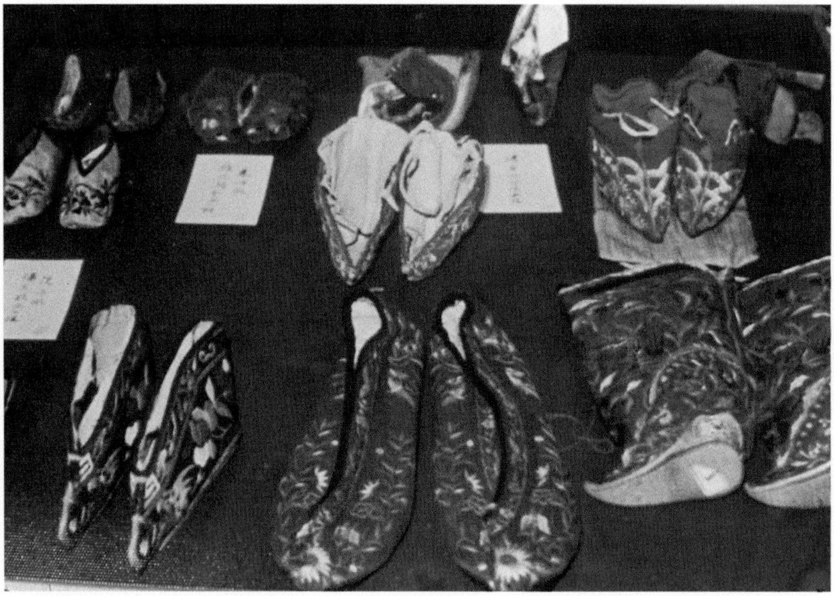

**〈그림 V-53〉 纏足의 신발(淸) 대만 · 역사박물관** 세계의 奇習이라 불리는 纏足은 청대 말기까지 약 1000년간 여성들 간에 전하여진 폐습이다. 여아의 발을 포로 싸서 그 발육을 억제하여 어른이 되어서도 2-3세 유아의 발의 크기이며 그림에서 보이는 바와 같이 특별히 작은 전족용의 신발이 제작되었다.

약하게 되었다. 작가 魯迅노신은 서양 부인의 하이힐을 야유하여 현대의 전족이라고 말하였지만, 중화민국 이후에도 한동안 이 악폐는 사라지지 않고 계속되었다. 그림 V-53은 청조 시대에 착용하였던 여러 가지 전족화이다.

# 3. 龍袍<sup>용포</sup>와 旗袍<sup>기포</sup>

## 용포

용을 신성한 동물로 숭배하는 용신신앙은 중국인 사이에서 예로부터 있었고, 주나라대 문헌에서도 자주 등장하고 있는데, 용을 포함하는 12개의 문양이 의상에 그려지게 된 것도 주대 이후부터이며, 특히 최고 지배자인 천자와 용을 결합시켜 龍言<sup>용언</sup>, 龍眼<sup>용안</sup>, 龍袍<sup>용포</sup>, 袞龍<sup>곤룡</sup> 등의 용어도 만들어졌다. 청조 시대의 용포는 황제 및 그 일족을 상징하는 복장이었다.

청대의 황제 및 황후의 조복, 길복에는 모두 용문이 금사로 자수되었는데, 정식의 용은 二角五爪<sup>이각오조</sup>이며, 왕족이나 貴妃<sup>귀비</sup>라도 용포는 허가되지 않았으나 二角四爪<sup>이각사조</sup>의 용은 蟒<sup>망</sup>이라고 하여, 蟒袍<sup>망포</sup>만이 허용되었다. 그러나 청나라 말기가 되면 이러한 구별이 느슨하게 되어 귀족이 사용하는 집기에도 五爪<sup>오조</sup>의 용문이 사용되었다. 그림 V-54는 건륭제의 유품이라고 전해지는 여름의 조복으로, 남색의 얇은 緞紗<sup>단사</sup> 홑겹이며, 진주와 산호의 소립편을 연결하여 5룡을 자수한 것이다. 그림 V-55는 『大淸會典<sup>대청회전</sup>』에 보이는 황제의 조복으로 5룡이 보이며 그림 V-56·57의 여름 조복에는 가슴, 양어깨, 등 가운데에 4룡이 있고, 腰帶<sup>요대</sup> 앞뒤에 4룡, 裳<sup>상</sup>의 전후에 6룡, 또한 목 주위 圓領<sup>원령</sup>의 등 쪽에 2룡, 모두 12룡이 장식되어 있다. 그림 V-58은 황후의 겨울 조복 그림으로 5룡이 확인된다. 또한 그림 V-59는 대만의 역사박물관에 소장되어 있는 용포인데, 건륭제의 여름 조복과 매우 흡사하고, 용의 위치는 앞쪽에 3룡, 등 쪽에 1룡, 양어깨에 2룡으로, 모두 6룡이 자수되어 있다.

| 그림 V-54 | |
|---|---|
| 그림 V-55 | 그림 V-56 |
| 그림 V-57 | 그림 V-58 |

〈그림 V-54〉 건륭황제의 용포

〈그림 V-55〉 황제 조복의 용포도

〈그림 V-56〉 황제 하조복의 용포도(전면)

〈그림 V-57〉 황제 하조복도(뒤면)

〈그림 V-58〉 황후 동조복의 용포도

이와 같은 용포는 청조가 무너질 때 북경의 西安門서안문 광장에서 경매되었고, 당시의 구미 외교관들은 이를 다투어 구매하였다고 전해지는데, 호화롭고 현란한 금수의 용포는 구미인에게 있어서 동양 미술의 상징이라고도 여겨졌을 것이다. 그러나 구미인들이 좋아하는 것을 알자 그 후 선물용의 모조 용포도 만들어지게 되어 이와 같은 모조품도 현재 전세계에 산재되어 있다.

## 旗袍기포

〈그림 V-60〉 기포의 형상

청나라의 서민 복장은 '기포'라고 불리는 만주민족 고유의 복장이었다. 그 형태는 그림 V-60과 같은 것으로 깃은 盤領반령이고 筒袖통수, 길이는 긴 것, 짧은 것도 있지만 보통은 발목에 이르는 정도이며, 앞 길은 겉과 안의 두 자락이 겹쳐지고 안쪽은 끈으로 바깥쪽은 매듭단추로 여몄다. 이 그림에서는 앞자락이 열려 있으나, 일반적으로 앞이 닫힌 것이 많고, 특히 여성의 기포는 옆트임이 있고 앞은 반드시 막혀 있는 것이 보통이다(그림 V-61).

기포의 착용은 남자도 같은 방법으로 반드시 대를 매었다. 정식으로는 여자의 기포에도 대를 매고, 또 裙군을 입는 것이 일반적이었으나 청나라 말기부터 중화민국 시기에 이르러 남녀 모두 허리띠를 생략한 기포 스타일이 입혀지게 되었다.

그림 V-62의 뒤쪽 부인이 기포 위에 착용하고 있는 것은 소매가 없는 背心배심이며, 公服공복의 褂괘에 상당하는 겉옷의 일종으로 소매가 있는 것은 馬褂兒마괘아라고 칭하였다. 이와

〈그림 V-61〉旗袍(國民初期) 신해혁명(1912) 직후 일시 만주복의 기포는 漢人 사회에서 쇠퇴하였으나 북벌(1929) 후에는 다시 원피스 스타일의 기포가 한인사회에서 유행하여 그 후 인민공화국이 성립되기까지 중국복(지나복)으로서 중국 전토에 보급되었다. 봉제와 착용상의 간편함으로 인하여 즐겨졌던 것이라 보인다. 젊은 여성이 기포위에 입은 소매 없는 마괘아도 있다.

같은 기포의 원피스형에 반하여 한족 사이에서는 그림 V-63에 보이는 것과 같이 襖오와 裙군의 투피스형이 유행하였다. 襖오는 상의스타일로 한대의 襦유에 상당하는데 그 형태는 馬褂兒마괘아와 거의 비슷하고 그림 V-64에서 보이는 것과 같은 對襟대금형과 交襟교금형이 있다. 대금의 마괘는 기포와 함께 착용하여 예복으로 사용되었고, 기포는 겹으로 된 것, 솜을 둔 것, 모피로 안감을 넣은 것 등 3종류가 있고 봄, 가을, 겨울의 3계절에 착용하였다. 여름옷에는 홑겹의 衫삼이 있으며 마, 목면, 紗사 등으로 만들었다. 겨울의 기포에 襖오를 병용하는 경우에는 방한용 내의를 기포 안에 착용하였다. 배심에도 홑겹이나 겹옷, 솜옷, 모피로 만든 것 등이 있었는데 반드시 기포 위에 착용하였다.

하반신에 착용하는 것으로 속바지에 해당하는 褲子고자가 있고, 여름과 겨울 모두 입었으며, 특히 겨울의 방한용으로는 고자 위에 착용하는 套褲투고

가 있어 바지 위에 덧입었다. 전술한 바와 같이 기포는 만주 민족의 고유의 복장으로 동아시아계의 호복이다. 홑겹의 것을 衫삼, 겹으로 된 것을 袍포라 부르는 명칭은 한나라 이전부터 사용되어 왔고, 일본의 나라시대의 의복령에도 布衫포삼, 衫裙삼군 등이 보이며 汗衫한삼의 유품까지도 남아있어 東大寺동다이지에 보관되어 있다. 청대의 삼은 주로 長衫장삼으로 여성의 여름옷으로서 길이가 짧은 短衫단삼을 특히 女衫여삼이라고 불렀다. 단삼의 형태는 그림 V-64의 마괘자와 같고 옷감은 얇은 견직물이나 목면이 사용되었다.

袍포의 형태도 衫삼과 같았는데, 고대의 포는 일본의 기모노와 같이 심의 형태의 길이가 긴 원피스류, 즉 관의여서 수당대 이후에는 호복의 영향을 받아 넓은 광수로부터 좁은 소매인 통수의 窄袍착포로 변하였고, 일본에 전하여진 나라시대의 포는 이미 호복화 된 스타일이었다. 포에 사용된 직물은 錦繡<sup>금수</sup>, 綾<sup>능</sup>, 羅<sup>라</sup> 등의 고급품이나 모직물, 마직물이 주된 것이었으며, 목면이 일반 민중 의복으로서 등장하는 것은 宋<sup>송</sup>대 이후이었다.

청대의 기포는 전부 통수의 長袍<sup>장포</sup>로 현재에도 이와 같은 기포 양식의 복장은 몽골이나 티벳에서 보일 뿐만 아니라, 널리 청나라의 영토였던 중앙아시아나 연해주의 원주민 사이에도 보급되었고, 게다가 베트남의 국민복이라 불리는 aozi<sup>아오자이</sup>도 긴 기포의 일종으로 옆트임을 넓게 한 것이다.

# 4. 한국·조선시대의 복식

## 조선의 복제

14세기 후반, 대륙에는 원나라가 멸망하자 명나라가 건국되고, 한반도에는 고려가 쇠퇴하고 조선왕국이 세워졌다. 조선시대<sup>(1392-1910)</sup>는 일본에 병합되기까지 약 600년간 계속되었는데, 조선초기는 원나라의 제도로부터 해방되어 명제에 따른 복식제도가 정비되었다. 『朝鮮王朝實錄조선왕조실록』에는 "태조원년<sup>(1392)</sup> 11월, 朝服冠帶조복관대의 복제를 정함."이라 하였는데, 조선의 복제는 『朝鮮王朝實錄조선왕조실록』 외에, 『經國大典경국대전』이나 『星湖僿說성호사설』에 상세하게 기록되어 있다. 조선은 명나라와 교류하고 있어, 官服관복 등도 대부분 명으로부터 받았기 때문에, 복식제도도 명의 제도를 그대로 채용하는 입장이었다.[1] 명이 멸망하고 청조가 성립된 후에도 당분간은 명제를 답습하였으며, 그 후 조금씩 복식 내용을 개정하였다. 만주인이 세운 청나라는 漢人한인에 대해서는 엄격하게 청조의 복제를 강요했는데, 조선에 대한 정책에 있어서는 같은 계열의 민족이라는 情誼정의 때문이었는지 매우 관대하였다.

조선시대의 관복제도는 태종년간에 정해진 것이 기본이 되었는데, 『경국대전』에 의하면 표 V-3과 같다. 이 외에, 笏홀, 玉佩옥패, 襪말, 鞋혜에 대해서도 품관별로 상세하게 규제되어 있었다.

---

1) 원문의 '명나라의 보호'라는 내용은 그 차이가 있어 교류라는 단어로 사용하였다.

〈표 V-3〉 조선의 복제

| 品別 품별 | | 1품 | 2품 | 3품 | 4품 | 5·6품 | 7·8품 | 鄕吏향리 |
|---|---|---|---|---|---|---|---|---|
| 冠관 | 朝服조복 | 五梁木簪 5량목잠 | 四梁木簪 4량목잠 | 三梁木簪 3량목잠 | 二梁木簪 2량목잠 | 同左동좌 | 一梁木簪 1량목잠 | |
| | 祭服제복 | 〃 | 〃 | 〃 | 〃 | 〃 | 〃 | |
| | 公服공복 | 幞頭복두 | 同左동좌 | 同左동좌 | 同左동좌 | 同左동좌 | 同左동좌 | 同左동좌 |
| | 常服상복 | 紗帽사모 | 同左동좌 | 同左동좌 | 同左동좌 | 同左동좌 | 同左동좌 | 黑竹方笠 흑죽방립 |
| | 便服편복 | 貫子笠纓金玉 관자입영금옥 笠飾銀입식은· 大君金대군금 | 同左동좌 | 同左동좌 | | | | |
| | 耳掩이엄 | 段단·貂皮초피 | 同左동좌 | 堂上官同左 당상관 동좌 堂下官絹鼠皮 당하관초서피 / 宗親絹鼠皮 종친초서피 | 絹鼠皮초서피 / 同左동좌 | 同左동좌 / 同左동좌 | 同左동좌 / 同左동좌 | |
| 服복 | 朝服조복 | 赤綃衣裳적초의상 蔽膝폐슬 白綃中單백초중단 雲鶴金環綬운학금환수 | 同左동좌 | 盤彫銀環綬 반조은환수 他타 同左동좌 | 鍊鵲銀環綬 연작은환수 他타 同左동좌 | 銅環綬동환수 他타 同四品동4품 | 鸂鷘銅環綬 계칙동환수 | |
| | 祭服제복 | 靑綃衣청초의 赤綃裳적초상 蔽膝폐슬 白綃中單백초중단 雲鶴金環綬운학금환수 白綃方心曲領 백초방심곡령 | 同左동좌 | 盤鵰銀環綬 반조은환수 同左동좌 | 〃 同左동좌 | 〃 同左동좌 | 〃 同左동좌 | |
| | 公服공복 | 紅袍홍포 | 同左동좌 | 正三品同左정3품동좌 從三品靑袍종3품청포 | 靑袍청포 | 同左동좌 | 綠袍녹포 | |
| | 常服상복 | 紗羅綾緞사라능단 胸背刺繡흉배자수 大君麒麟대군기린 王子君白澤왕자군백택 文官孔雀문관공작 武官虎豹무관호표 | 同左동좌 文官雲鶴문관운학 大司憲海豸대사헌해치 武官虎豹무관호표 | 堂上官당상관 文官白鷴문관백한 武司憲熊羆무관웅비 堂下官無당하관무 | | | | 靑領청령 |
| 帶대 | 朝服조복 | 犀서 | 正二品金정2품금 從二品銀종2품은 | 正三品金정3품금 從三品銀종3품은 | 素銀소은 | 黑角흑각 | 同左동좌 | |
| | 祭服제복 | 〃 | 〃 | 〃 | 〃 | 〃 | 同左동좌 | |
| | 公服공복 | 〃 | 荔枝金여지금 | 正三品同左정3품동좌 從三品黑角종3품흑각 | 黑角흑각 | 〃 | | 黑角흑각 |
| | 常服상복 | 〃 | 同朝服동조복 | 同朝服동조복 | 素銀소은 | 〃 | | 條兒조아 |
| | 私服사복 | 紅條兒홍조아 | 同左동좌 | 同左동좌 | | | | |

〈그림 V-65〉 조선영조의 초상(朝鮮) 彦根·宗安寺
조선영조(1725-1776)의 초상화로 寶曆年間 조선사절이 지참하였던 것으로 사절이 정박하였던 종안사에서 취하였던 것이다. 백색 중의에 주색 포복을 입고 오사모를 썼다. 흉배는 문관1품관의 雲鶴이다.

그림 V-65는 彦根<sup>히코네</sup> 宗安寺<sup>소우안지</sup>에 남아있는 조선시대 英祖<sup>영조</sup>의 초상화이며, 雲鶴紋<sup>운학문</sup>의 흉배를 단 絳紗袍<sup>강사포</sup>와 익선관을 착용한 常服<sup>상복</sup>차림이다.[2]

朝服<sup>조복</sup>의 관모는 흑색 紗<sup>사</sup>에 梁<sup>양</sup>을 붙이고 木箴<sup>목잠</sup>을 사용한 것으로 목잠 부분과 흑사 표면에 금색 당초모양이 있고, 梁冠<sup>양관</sup>의 안에는 宕巾<sup>탕건</sup>을 쓰는데, 이는 중국의 幘<sup>책</sup>과 유사한 형태였다.[3] 조복은 저고리, 바지 그리고 周衣<sup>주의</sup>를 착용하고, 주의 위에 조선어로 褡護<sup>답호</sup>라고 하는 중국의 背心<sup>배심</sup>에 상당하는 소매가 없는 긴 상의를 입었다. 조선전기의 제도에서는 백초중단, 적초의, 적초상을 입었다.[4] 蔽膝<sup>폐슬</sup>은 원래 衣<sup>의</sup>와는 별개의 것이었는데, 후대에는 赤綃衣<sup>적초의</sup>에 부착하였다. 佩綬<sup>패수</sup>는 적초의 뒤에 착용하며, 그 상단부에 부착된 2개의 고리는 품급에 따라 금환, 은환, 동환으로 구별되었다. 이 고리의 상부 양쪽에는 佩玉<sup>패옥</sup>을 드리우고 玉帶<sup>옥대</sup>를 하였다.

2) 일본 滋賀縣<sup>시가현</sup>의 히꼬네 소우안지 소장으로, 원문에는 홍포와 사모를 쓴 1품관의 상복으로 되어 있어 수정하였다.
3) 조선의 탕건은 형태는 책과 유사하나 두건형에서 발전한 관모이므로 원문의 두건을 관모로 수정하였다.
4) 원문의 白<sup>백</sup>, 紅綃<sup>홍견</sup> 홍견을 조선 초기 내용에 따라 白<sup>백</sup>, 紅綃<sup>홍초</sup>로 수정하였다.

제복의 관모는, 대륜의 문양과 木箴<sup>목잠</sup>의 구멍 주위에만 금칠하고, 다른 부분은 모두 흑색으로 한다. 의복은 조복과 형식은 같으나 깃에는 方心曲領<sup>방심곡령</sup>을 드리우고 옥대를 착용하며, 복색의 경우 홍색을 흑색, 백색을 청색으로 바꾸어, 즉 적상과 청사중단으로 다르게 사용하였다. 표 V-3에서 보이는 것과 같이 太宗<sup>태종(1401-1418)</sup> 이후, 관리의 공복의 관모는 幞頭<sup>복두</sup>, 포는 정3품 이상은 홍색, 종3품 이하는 청색, 7품이하는 녹색으로 하였다. 또 常服<sup>상복</sup>의 관모는 紗帽<sup>사모</sup>를 쓰고, 便服<sup>편복</sup>에는 黑笠<sup>흑립</sup>을 썼다.

조선시대 궁중여자 복장에 대해서는 복제 상에서는 특별한 규정이 없었는데, 명나라제에 따른 왕후, 명부의 제도가 도입되었다. 그림 V-66은 조선말기의 東宮妃<sup>동궁비</sup> 혼례예복을 복원한 것인데, 靑紫<sup>청자</sup>색의 翟衣<sup>적의</sup> 위에 흑색 바탕에 金龍<sup>금룡</sup>을 자수한5) 하피를 양어깨에서, 전후 가슴과 등에 늘어뜨리고, 漆簪<sup>칠잠</sup>에 白玉<sup>백옥</sup>의 두식을 하고, 허리에는 香袋<sup>향대</sup>를 늘어뜨리고 발에는 緋舃<sup>비석</sup>을 신었다. 의는 모두 2쌍의 적문을 적의 전체에 횡선 12줄로 배치한 12적의를 입었

〈그림 V-66〉 東宮妃 혼례복(서울·세종대학교) 적색 선을 두른 청자색의 翟衣(중국후비 6복 가운데의 하나인 위의)로 154마리의 雉나 자수된 황태자비의 대례복이다. 양어깨와 전후 흉배는 흑색바탕에 金龍을 자수한 보가 부착되었다. 백옥장식의 칠잠을 꽂고 향낭을 차고 비단 석을 신었다. 속옷부터 12겹을 겹쳐 입는 것은 일본의 경우와 비슷하다.

는데, 일본 十二單<sup>십이단</sup>의 12라는 숫자가 같으니 흥미롭다.6)

명대 문무관복의 최대의 특색인 補章<sup>보장</sup> 제도는 조선조에도 받아들여져7) 문관은 鶴<sup>학</sup>, 무관은 호랑이를 자수한 정방형의 천을 가슴과 등에 부착하였다. 단 정3품 이상의 무관 堂上官<sup>당상관</sup>의 胸背<sup>흉배</sup>는 두 마리의 호랑이를 붙였는데, 종3품 이하의 당하관 것은 호랑이가 한 마리였다. 端宗<sup>단종(1452-1455)</sup> 이후 문무당상관의 흉배가 바뀌고, 대군은 麒麟<sup>기린</sup>, 도통사는 獅子<sup>사자8)</sup>, 왕자는 白澤<sup>백택</sup>, 문관 1품은 孔雀<sup>공작</sup>, 2품은 雲雁<sup>운안</sup> 3품은 白鷴<sup>백한</sup>, 무관 1·2품은 虎豹<sup>호표</sup>, 3품은 熊羆<sup>웅비</sup>, 대사헌은 獬豸<sup>해치</sup>로서, 표 V-2의 명나라 제도와 가까웠는데 조선조의 1품관의 흉배의 문양은 명조의 3품관의 보장에 상당하였고, 2품 이하도 이에 따랐다.

5) 본문에 자수라고 하였으나 자료의 하피는 금색으로 그린 것이어서 수정하였다.

6) 본문에는 조선말기 혼례복이 12매를 겹쳐 입어 일본의 12단과 유사하다고 되어있으나, 적의는 종류가 12겹이 아니라 翟衣<sup>적의</sup>의 즉 翟文<sup>적문</sup>을 횡으로 12줄 장식한 것이므로 수정하였다.

7) 조선에서는 명나라 보장제를 흉배제도로 받아들였다.

8) 조선의 흉배제도 가운데 도통사의 사자 흉배는 없었다.

## 조선시대의 일반복장

〈그림 V-67〉 조선의 귀족
서울·국립중앙박물관 18
세기 조선 귀족 李縡의 초
상화, 흑선을 댄 주의 심의
를 입고 요대를 매고 절상
건을 뒤로 맨 조선의 양반
계급의 통상 예복이다.

〈그림 V-68〉 양반의 복장

9) 본문에 宕巾<sup>탕건</sup>으
로 되어있으나 幅巾<sup>복건</sup>
으로 내용 수정하였다.

10) 본문에는 심의 모
양의 周衣<sup>주의</sup>를 심의로
내용 수정하였다.

조선은 건국이래 주자학을 나라의
근본으로 삼고 양반이라는 특수한 신
분제도에 따라 士大夫<sup>사대부</sup>와 평민을
엄격하게 구분하였으며 학자나 양반의
복장은 일반서민들의 의복과는 차이가
있었다. 士人<sup>사인</sup>복은 중국 송나라 이후
의 사대부나 주자학생 사이에 유행하
였던 深衣<sup>심의</sup>로, 순백의 견직물이나 마
직물로 만들어졌던 것인데, 그림 V-67
은 18세기경의 조선시대 고관 李縡<sup>이재</sup>
초상화로, 幅巾<sup>복건9)</sup>을 쓰고, 흑선을 두
른 백색견으로 만든 심의를 입었다.

그림 V-68은 漆紗巾<sup>칠사건</sup>에 심의를
착용<sup>10)</sup>한 양반계급의 예장을 나타내고
있다. 이러한 사인복은 조선시대 말기
에는 일반서민 사이에서도 齊服<sup>제복</sup>으
로 보급되었다.

조선시대의 일반남자의 복장은, 우
선 관모는 이미 오래전부터 網巾<sup>망건</sup>,
宕巾<sup>탕건</sup>, 黑笠<sup>흑립</sup>, 素笠<sup>소립</sup> 등이 있었다.
망건은 말총으로 짠 머리띠 형태로 머
리가 흘러내리는 것을 막기 위해서 사
용되었고, 탕건도 역시 말총으로 짠 고

려시대의 관모인데,[11] 조선시대에는 관직이 있는 사람이 집무나 의례시 관을 쓰기 전 단계에서 쓰는 기본적인 巾건이었다. 립은 대나무 혹은 섬유로 만든 차양이 넓은 모자로 머리에 쓰는 원통형의 부분만 말총으로 만든 것도 있었다.[12]

남자의 상의는 속저고리, 저고리, 麻古子마고자, 周衣주의가 있고, 주의 즉 두루마기의 형태도 고대의 관대한 것으로부터 차츰 협소한 것으로 변화하였다. 속저고리는 일본의 속옷에 해당하며 모두 홑옷이었고, 겉옷인 저고리는 안감이 있는 겹저고리, 솜을 둔 솜저고리, 모피로 안을 댄 모피저고리 등이 있다. 마고자는 주의 속에 입는 방한용으로도 착용하였다. 또한 소매없는 상의인 背子배자가 저고리위에 혹은 마고자와 저고리중간에 입기도 하였다.[13]

남자의 하의에는 중국의 短褲단고에 해당하는 속바지, 일본 奈良나라시대의 大口袴대구고와 비슷한 부리를 묶어 입는 바지, 끈 형태의 帶대, 발목이 긴 버선, 일본의 脚絆각반에 해당하는 行纏행전 등이 있고, 신발은 가죽, 천, 짚 등을 사용하여 만들고, 木履목리라 하여 나막신이 있었다.

조선시대 일반남자 복장은 관리나 사족계급이 대개 중국식이었던 데 비해, 여자 복장은 상류계급에도 고유의 복장을 지켜, 복제에도 '여자는 옛 풍속에 따른다'라고 기록되어 있다. 여자 복장은 삼국 시대 이래의 기본양식인 襦유, 裳상이 전승되어 왔다. 이외에도 長衫장삼, 圓衫원삼, 唐衣당의, 花冠화관, 襪말 등 중국양식에서 도입된 것도 있었지만, 대부분 조선양식으로 변경되었다.[14]

15세기 초 태종시기의 여자 복장으로는 얇은 겉옷으로 露衣노의, 襖裙오군, 長衫장삼, 蒙頭里몽두리,[15] 笠帽립모, 苧布저포 등이 문헌에 보인다. 장삼은 중류계급, 몽두리나 저포는 하층계급, 입모는 양반계급에 이용되었다.[16] 이외에 여자 일반의복으로서 쓰개류의 일종인 蓋頭개두, 속저고리(內赤衫), 마고자중국의

11) 탕건은 고려시대에 비롯한 모자류인지는 아직 확실하지 않다.

12) 립은 흑립이 대표적인 조선의 관모이며 사용하는 재료는 주로 말총이었다.

13) 남자상의에 관한 본문의 내용 가운데 마고자와 조끼의 내용을 수정하였다.

14) 여자복식의 경우 대부분 조선에서 변용된 것으로 내용을 수정하였다.

15) 몽두리는 두건의 형태보다는 포의 형태이므로 내용을 수정하였다.

16) 苧布는 苧袍의 한자 오기로 보인다.

馬褂兒), 저고리, 周衣주의, 裳상, 袴고, 속바지(內袴衣), 腰帶요대, 內裳내상, 襪말(버선), 鞋혜 등이 있었다.

그림 V-69 · 70은 조선시대 중기의 화가 신윤복이 그린『風俗畵帖풍속화첩』의 일부인데, 양반계급의 뱃놀이 복장과 이를 따르는 기녀들의 복장이 사실적으로 묘사되어 있다.

그림 V-69    그림 V-70

〈그림 V-69〉 船遊圖(朝鮮)  조선 18세기 화가 申潤福이 그린 조선 상류계급의 선유 풍경. 차양이 넓은 黑笠을 쓰고 도포를 입었다. 치마저고리를 입고 얹은머리를 한 기생, 바지와 저고리를 입고 상투를 튼 사공, 바지저고리를 입고 피리를 부는 소년 등 현대 조선의 복장과 거의 다르지 않다.

〈그림 V-70〉 기생(朝鮮)  앞 그림과 같이 신윤복이 그린 기생으로 폭이 넓은 청색 치마를 가슴 높이로 입고 담황색의 저고리를 입었다. 대형의 얹은머리형이며, 기생은 일본의 예능인과 같은 직업여성이다.

또, 그림 V-71은 같은 시대의 화가 김득신의『風俗畵帖풍속화첩』에 보이는 농촌 풍경인데, 말을 타고 가는 양반과 노상의 농민의 복장이 대조적이며, 그림 V-72의 물건을 파는 행상인 남녀의 그림과 함께 귀중한 풍속자료의 하나이다. 그림 V-73은 현재의 기본적인 조선 여성의 복장을 보여주고 있다.

## 白衣백의의 유래

마지막으로 조선의 복장사를 볼 때 최대의 특색이라고 하는 백의존중의 풍습에 대하여 말하고자 하는데 그 유래에 대해서는 학자마다 여러 가지 설이 있다.

원래 동아시아 퉁구스 민족 사이에는 예로부터 백의를 존중하는 습관이 있었고, 일본에서도 古墳코훈시대 이전부터 백의는 신성한 것으로 여겨져 왔으므로 오늘날도 관혼상제나 神官신관, 僧侶승려사이에서는 백의가 많이 이용되고 있는데, 염색자료가 얼마 없었던 고대에는 백의를 입는 것은 당연한 일이기도 하였다.

염색문화가 발달하고 의복의 염료로 다양한 재료가 발견됨에 따라 의복에 착색하거나 무늬를 염색하기도 하여 고구려시대 벽화 등의 복장은 거의 모두 채색 무늬가 있다. 일본 高松塚다카마츠 벽화도 마찬가지였다. 따라서 조

선민족이 특별히 백의를 존중했다는 전통은 오히려 후대에 기인한다.[17]

고려시대부터 조선시대에 걸쳐서 신분제도를 엄격히 규제하기 위해 복색 금제령이 종종 시행되고 서민은 흑색이나 청색의 두 가지 색으로 제한되고, 황, 홍, 자, 녹의 복색은 관리 이외의 사용이 금지되었을 뿐만 아니라, 물론 자수나 무늬를 넣는 것도 허용되지 않았다. 다만, 葬服<sup>장복</sup>이나 喪服<sup>상복</sup>에 한해서 백의 착용이 허가되었기 때문에 일반서민은 喪葬<sup>상장</sup>기간을 가능한 한 연장하여 주로 백의를 입었다. 상복의 백의에는 계급성이 없었기 때문이었을 것이다.

조선 서민들이 이용한 의복재료는 주로 면과 麻<sup>마</sup>였고[18] 이러한 직물은 세척할 때마다 광택을 더하기 때문에 퇴색되기 쉬운 흑색이나 청색보다 백색이 보기에도 좋고 청결하고 경제적이기도 하였다.

이상과 같은 이유로 백의가 보급되었다고 생각되는데, 가장 큰 이유는 의복에 의한 계급차별에 대한 민중들의 저항의식의 무언의 표현으로서 계급 콤플렉스를 백의 착용으로 해소하려고 했던 것으로 생각이 된다.

17) 夫餘<sup>부여</sup>인들이 외국에 나갈 때는 白襦白袴<sup>백유백고</sup>를 입었다는 기록이 있어 당시 백의 존중사상을 엿볼 수 있다.

18) 갈을 마로 수정하였다.

# 도판목록

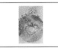
그림 II-21
백옥 壁(戰國)(河南省 · 洛陽 출토)
_ 40

그림 II-22
狩獵文 靑銅鏡(戰國)
(하남성 · 낙양 출토)
_ 40

그림 II-23
銀製 胡人像(戰國)(하남성 · 낙양 출토)
_ 41

그림 II-24
매사냥하는 호인여성(戰國)
(미국 · 보스턴미술관)
_ 41

그림 II-25
호복의 상의(흉노)
_ 41

그림 II-26
호복의 고(흉노)
_ 41

그림 II-27
襦衣를 착용한 병사(秦)
(陝西省 · 驪山 배장갱 출토)
_ 44

그림 II-28
札甲을 착용한 무인(秦)
(섬서성 · 여산 배장갱 출토)
_ 44

그림 II-29
자수된 綺羅 장갑(前漢)
(호남성 · 장사 출토)
_ 46

그림 II-30
馬王堆 帛畫(前漢)(湖南省 · 長沙 출토)
_ 47

그림 II-31
마왕퇴 백화의 일부(前漢)
(호남성 · 장사 출토)
_ 47

그림 II-32
黃紗 袍衣(前漢)(호남성 · 장사 출토)
_ 47

그림 II-33
白紗衫(前漢)(호남성 · 장사 출토)
_ 47

그림 II-34
漢代 초기의 綾絹(前漢)
(호남성 · 장사 출토)
_ 47

그림 II-35
한대 초기의 羅(前漢)
(호남성 · 장사 출토)
_ 47

그림 II-36
通天冠과 朝服(山西省 · 永樂宮 壁畫)
_ 48

그림 II-37
통천관
_ 48

그림 II-38
진현관
_ 48

그림 II-39
현의 훈상
_ 49

그림 II-40
車馬의 행렬(前漢)(遼寧湖 · 遼陽 출토)
_ 50

그림 II-41
塼壁에 묘사된 인물(前漢)
(미국 · 보스턴미술관)
_ 51

그림 II-42
騎馬衛兵 청동상(後漢)
(甘肅省 · 武威 漢墓 출토)
_ 51

그림 II-43
酒宴圖(前漢)(하남성 · 낙양 한묘벽화)
_ 51

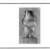
그림 II-44
옥제 製衛士立像(前漢)
(미국 · 보스턴 박물관)
_ 51

그림 II-45
칼과 방패를 든 병사상(後漢)
_ 51

그림 II-46
화상석에 묘사된 위사(한)
_ 51

그림 II-47
幘袍를 착용한 武人(後漢)
(하남성 · 낙양 한묘벽화)
_ 52

그림 II-48
한묘 벽화
_ 52

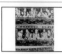
그림 II-49
낙랑 출토 채협그림
_ 52

그림 II-50
彩篋 인물화(朝鮮)(낙랑유적 출토)
_ 52

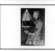
그림 II-51
長信宮의 등잔을 든 궁녀(前漢)
(河北省 · 滿城 한묘 출토)
_ 53

그림 II-52
한시대의 상류 부인
_ 53

그림 II-53
부인옥용(한)
_ 53

그림 II-54
소녀옥용(한)
_ 53

그림 II-55
彩陶婦人俑 전면(前漢)
(陝西省 · 西安 출토
_ 54

그림 II-56
채도부인용 후면(前漢)
(섬서성 · 서안 출토)
_ 54

그림 II-57
한묘 출토의 요리인용
_ 54

그림 II-58
한대궁녀 도용
_ 55

그림 II-59
灰陶女子俑(後漢)
_ 55

그림 II-60
銀縷玉衣(後漢)
(江蘇省 徐州 한묘 출토)
_ 56

그림 II-61
錦袍衣(後漢)
(新疆 위그르자치구 니야泥雅 출토)
_ 57

그림 II-62
버선부착 바지
_ 57

그림 II-63
버선과 버선바닥(흉노)
_ 57

그림 II-64
부부초문 금(한)
_ 58

그림 II-65
사슬자수화운문견(한)
_ 58

그림 II-66
자수있는 모직물(前漢) 몽골 노잉우라
Noin Ula 출토
_ 58

그림 II-67
錦製足袋(後漢)
(신강 위그르자치구 니야 출토)
_ 59

그림 II-68
毛織細帶(後漢)
(신강 위그르자치구 니야 출토)
_ 59

그림 II-69
毛織物斷片(後漢)
(신강 위그르자치구 니야 출토)
_ 59

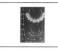
그림 II-70
우르Ur의 장신구(B.C 3000)
(이라크 · 우르왕묘 출토)
_ 60

그림 II-71
황금 투구(B.C. 3000)
(이라크 · 우르왕묘 출토)
_ 60

그림 II-72
에피르상(B.C. 3000)
(프랑스 · 루브르박물관)
_ 61

그림 II-73
우르의 스탠다드
_ 62

그림 II-74
우르의 스탠다드Standard(B.C.2500)
(영국 · 대영박물관)
_ 62

그림 II-75
구데아 입상Gudea Statue(B.C.2500)
(프랑스 · 루브르박물관)
_ 63

그림 II-76
라가시 왕 입상King Lagash Statue
(B.C.2500)(프랑스 · 루브르박물관)
_ 63

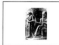
그림 II-77
함무라비왕법전비
_ 63

그림 II-78
제물奉納 벽화(B.C.2000)
(프랑스 · 루부르박물관)
_ 64

그림 II-79
핫도수츠왕 문의 상(전12세기)
_ 64

그림 II-80
壁畵의 侍女(前8세기)
(프랑스 · 루부르박물관)
_ 65

그림 II-81
앗시리아 왕의 盛裝(前7세기)
(영국 · 대영박물관)
_ 65

그림 II-82
샤르곤왕King Sargon의 從者(前7세기)
(프랑스 · 루부르박물관)
_ 65

그림 II-83
샤미신전의 귀인상(1세기)
_ 66

그림 II-84
무인행렬 채색 벽화(前5세기)
(프랑스 · 루부르박물관)
_ 66

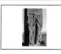
그림 II-85
貢獻者像(前5세기)
(이란 · 페르세폴리스Persepolis 유적)
_ 67

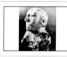
그림 II-86
삼엽문의 견의
_ 67

그림 II-87
踊子像(B.C. 3000) 파키스탄 · 모헨죠다
로Mohenjodaro 출토
_ 68

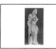
그림 II-88
야쿠시니Yakushini · 彫像(前3세기)
(인도 · Patna박물관)
_ 68

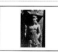
그림 II-89
守門神像(前2세기)
인도 · 피탈코라Pitalkhora 석상
_ 68

그림 II-90
파르티아 월계관(2세기)
(이란 · 우르카Urk 출토)
_ 68

그림 II-91
스키타이의 항아리(前 4세기)
(소련 · 에미타즈박물관)
_ 69

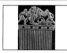
그림 II-92
스키타이의 빗(前전5세기)
(소련 · 에르미타즈박물관)
_ 70

그림 II-93
스키타이 장식판(前 4세기)
(소련 · 에르미타즈박물관)
_ 70

그림 II-94
루바시카rubashka의 기사(前 5세기)
(소련 알타이고분 출토)
_ 71

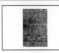
그림 II-95
馴鹿絨緞(前5세기)
(소련 · 알타이고분 출토)
_ 71

그림 II-96
옥서스Oxus의 팔찌(前5세기)
(영국 · 영국박물관)
_ 71

그림 II-97
동물문양의 안장(前5세기)
(소련 · 에르미타즈박물관)
_ 71

그림 II-98
모피제 호모
_ 72

그림 II-99
견제 솜둔 방한 두건
_ 72

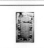
그림 II-100
모직융단 카펫
_ 72

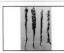
그림 II-101
흉노인의 변발
_ 73

그림 II-102
호인좌상(전국)
_ 73

그림 II-103
호인명기
_ 73

그림 III-1
위지왜인전
_ 78

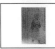
그림 III-2
왜국의 사절단(職貢圖卷)
(영국 · 대영박물관)
_ 78

그림 III-3
직공도에 보이는 백제사절
_ 79

그림 III-4
직공도의 서역제국사절
_ 79

그림 III-5
陳 文帝의 白帢과 白袍 착용 그림
_ 80

그림 III-6
남조의 여자(여자잠권도)
_ 81

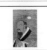
그림 III-7
梁武帝(帝王圖卷)
(미국 · 보스턴미물관)
_ 81

그림 III-8
陳宣帝(제왕도권)
(미국 · 보스턴미물관)
_ 81

그림 III-9
아침화장도(여자잠도권)
(영국 · 영국박물관)
_ 82

그림 III-10
一家圍樂圖(女子箴圖卷)
(영국 · 영국박물관)
_ 82

그림 III-11
노동하는 여성(魏晉時代)
(甘肅省 · 위진묘벽화)
_ 84

그림 III-12
낙타를 끌고 가는 남자(위진시대)
(감숙성 · 위진묘벽화)
_ 84

그림 III-13
목판의 漆繪(南北朝)
(山西省 · 大同 출토)
_ 84

그림 III-14
묘문에 그려진 위병(南北朝)
(하남성 · 鄧縣 출토)
_ 85

그림 III-15
북조의 무인
_ 85

그림 III-16
樂人의 행렬(南北朝)
(하남성 · 등현 출토)
_ 85

그림 III-17
북위화상석 인물화
_ 87

그림 III-18
북위의 무인도용
_ 87

그림 III-19
북조무인
_ 87

그림 III-20
채주 남자도용(북제)
_ 87

그림 III-21
여관회도(북위)
_ 87

그림 III-22
북조의 부인들
(하남성 안양 북제장성묘출토)
_ 87

그림 III-23
색칠된 부인도용(북제)
_ 88

그림 III-24
색칠된 회도 기마악인(북위)
_ 88

그림 III-25
녹유 여자용(북위)
_ 88

그림 III-26
백유 가채부인(북위)
_ 88

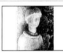

그림 III-27
소고드계 소년
(감숙성 麥石山土)
_ 88

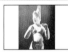

그림 III-28
소고드계 큰 코 호인(북조)
_ 88

그림 III-29
호인의 무녀(북조)
_ 88

그림 III-30
토적을 부는 호인 여성(북조)
_ 88

그림 III-31
唐 高祖(唐)
(대만 · 고궁박물원)
_ 89

그림 III-32
唐 太宗(唐)
(대만 · 고궁박물원)
_ 89

그림 III-33
외국사신 접대도(唐)
(西安 · 章懷太子墓壁畵)
_ 90

그림 III-34
西域城址의 벽화(唐)
(신강 · 土峪渾城址壁畵)
_ 90

그림 III-35
문관복장(당)
_ 91

그림 III-36
唐服鷹匠(唐)
(섬서성 서안 · 장회태자묘벽화)
_ 91

그림 III-37
금승촌 묘벽화(산서성 대동)
_ 93

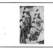
그림 III-38
여자 樂人圖(唐)
(섬서성 三原 · 淮安靖王墓壁畫)
_ 94

그림 III-39
부채를 든 시녀(唐)
(섬서성 · 懿德太子墓壁畫)
_ 94

그림 III-40
고배를 든 궁녀(唐)
(섬서성 서안 · 영태공주묘벽화)
_ 94

그림 III-41
궁녀행렬(唐)
(섬서성 서안 · 永泰公主墓壁畫)
_ 94

그림 III-42
석각 소녀상(장안 위동묘)
_ 94

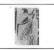
그림 III-43
巫女圖(唐)
(섬서성 서안 · 執失奉節墓壁畫)
_ 94

그림 III-44
바느질하는 사녀(唐)
(미국 · 보스턴 미술관)
_ 95

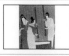
그림 III-45
비단을 다듬는 사녀(唐)
(미국 · 보스턴 미술관)
_ 95

그림 III-46
푸새하는 사녀(唐)
(미국 · 보스턴 미술관)
_ 95

그림 III-47
삽살개와 노는 궁녀(唐)
(중국 · 瀋陽博物館)
_ 95

그림 III-48
아스타나출토 수하미인도(1)
_ 96

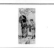
그림 III-49
아스타나출토 수하미인도(2)
_ 96

그림 III-50
공양하는 소녀(唐)
(영국 · 영국박물관)
_ 96

그림 III-51
紅袍青巾 부인입상(唐三彩)
_ 97

그림 III-52
黃衣綠裙 婦人俑(唐三彩)
_ 97

그림 III-53
의자에 앉은 소녀(唐三彩)
_ 97

그림 III-54
霓裳羽衣(唐)
_ 97

그림 III-55
금과 비파를 연주하는 악인(당삼채)
_ 97

그림 III-56
삼국시대의 조선반도
_ 99

그림 III-57
두대와 두건
_ 100

그림 III-58
美川王圖(高句麗)
(黃海道 · 安岳古墳壁畫)
_ 100

그림 III-59
美川王夫人圖(高句麗)
(황해도 · 안악고분벽화)
_ 100

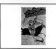
그림 III-60
狩獵圖(高句麗)
(輯安 舞踊塚壁畫)
_ 101

그림 III-61
고구려벽화 수렵도
_ 101

그림 III-62
鳥羽冠을 쓴 남자(高句麗)
(平安南道 · 眞坡里墓壁畵)
_ 102

그림 III-63
옥수산 고분벽화
_ 102

그림 III-64
금관의 익상장식(신라)
_ 102

그림 III-65
변
_ 102

그림 III-66
무용하는 여자(高句麗)
(집안 · 舞踊塚壁畵)
_ 103

그림 III-67
고구려벽화의 일부
_ 103

그림 III-68
헤어밴드를 한 여성(高句麗)
(진파리묘 벽화)
_ 104

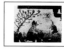
그림 III-69
집안 각저총벽화
_ 104

그림 III-70
절구를 찧는 여성(高句麗)
(황해도)
_ 104

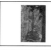
그림 III-71
蔽膝을 입은 궁녀(高句麗)
(평안남도 · 龕神塚壁畵)
_ 104

그림 III-72
립상 모자를 쓴 기마도
_ 106

그림 III-73
金冠立飾(百濟)
(公主 · 武寧王陵 出土)
_ 106

그림 III-74
垂飾付耳飾(百濟)
(무녕왕릉 출토)
_ 106

그림 III-75
황금 채(백제 공주 무령왕릉)
_ 106

그림 III-76
아프라시압 성지벽화의 신라사절
24,25 (7세기 초기)
_ 109

그림 III-77
樺冠騎馬人物(新羅)
(慶州 · 金鈴塚 출토)
_ 109

그림 III-78
금동절풍 관모잔결(신라)
_ 109

그림 III-79
鳥羽狀金冠(新羅)
(경주 · 金冠塚 出土)
_ 110

그림 III-80
立飾付金冠(新羅)
(경주 · 瑞鳳塚 出土)
_ 110

그림 III-81
折風形 內冠(新羅)
(경주 · 天馬塚 出土)
_ 110

그림 III-82
杏葉立飾外冠(新羅)
(경주 · 高靈 出土)
_ 110

그림 III-83
黃金腰佩(新羅)
(신라 · 천마총 출토)
_ 111

그림 III-84
太鐶耳飾(新羅)
(경주 · 금령총 출토)
_ 111

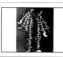
그림 III-85
곡옥수식의 이환장식
_ 111

그림 III-86
금리(신라)
_ 111

그림 III-87
서역(중앙아시아)의 위치
_ 112

그림 III-88
로란출토의 펠트모자
_ 116

그림 III-89
로란출토 화
_ 116

그림 III-90
중국대발견의 복식품
_ 116

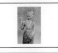
그림 III-91
胡人女性 灰陶俑(南北朝)
_ 118

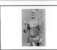
그림 III-92
호인남자 회도용(南北朝)
(倉敷ㆍ大隊美術館)
_ 118

그림 III-93
낙타를 탄 호인(南北朝)
_ 118

그림 III-94
菩薩立像(南北朝)
(敦煌壁畵)
_ 119

그림 III-95
錦履(南北朝) (신강 위구르 자치구ㆍ아
스타나Astana 出土)
_ 119

그림 III-96
아프라시압벽화 Afrasiab Mural
Paintings(6-7세기) 소련령
_ 120

그림 III-97
서역의 이란계 원주민(당초)
_ 120

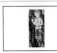
그림 III-98
하프를 타는 보살상(7세기)
_ 120

그림 III-99
景敎僧과 신도들(7세기)
_ 121

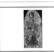
그림 III-100
말에 탄 菩薩(7세기)
_ 121

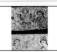
그림 III-101
鷺種西新說話板繪(唐)
(신강 위구르 자치구ㆍ호탄 출토)
_ 121

그림 III-102
토본왕에 시집간 문성공주(당)
_ 122

그림 III-103
吐藩王出行(唐) 돈황벽화
_ 122

그림 III-104
舍利容器(唐)
(신강 위구르 자치구ㆍ쿠차龜玆 出土)
_ 123

그림 III-105
이란의 樂人들(唐)
_ 123

그림 III-106
바둑두는 여성(唐)
(신강 위구르 자치구 뚜르판 출토)
_ 124

그림 III-107
호복미인의 絹畵(唐)
(신강 위구르 자치구 투르판 출토)
_ 124

그림 III-108
의상을 입은 인형(唐) (신강 위구르 자
치구투르판출토吐魯番出土)
_ 124

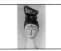
그림 III-109
塑造 唐美人(唐)
(중국ㆍ旅大博物館)
_ 124

그림 Ⅲ-110
기마인물의 당삼채(唐)
_ 125

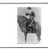
그림 Ⅲ-111
호복기마의 여성(당)
(미국 · 넬슨Nelson 美術館)
_ 125

그림 Ⅲ-112
낙타를 탄 악단(唐)
(섬서성 · 서안고분 출토)
_ 125

그림 Ⅲ-113
산양을 끄는 호인(唐)
(대만 · 고궁박물원)
_ 126

그림 Ⅲ-114
능묘소릉 석각화(당)
_ 126

그림 Ⅲ-115
수렵하는 이란왕(4세기)
(소련 · 에르미타주박물관)
_ 128

그림 Ⅲ-116
獅子狩文錦(7세기)
(奈良 · 法隆寺)
_ 128

그림 Ⅲ-117
鳥文錦(6-7세기)
(이탈리아 · 바티칸도서관)
_ 128

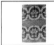
그림 Ⅲ-118
連珠對鳥文錦(初唐)
(신강 위구르 자치구 · 투르판 출토)
_ 128

그림 Ⅲ-119
花樹對鹿文錦(唐)
(신강 위구르 자치구 · 투르판 출토)
_ 128

그림 Ⅲ-120
連珠熊頭文覆面(唐)
(신강 위구르 자치구 · 투르판 출토)
_ 128

그림 Ⅲ-121
페가서스錦(唐)
(東京 · 龍谷대학)
_ 129

그림 Ⅲ-122
二角獸文輕錦(南北朝)
(신강 위구르 자치구 · 아스타나 출토)
_ 129

그림 Ⅲ-123
方格動物文輕錦(南北朝)
(아스타나 출토)
_ 129

그림 Ⅲ-124
狩獵文綠紗(唐)
(아스타나 출토)
_ 129

그림 Ⅲ-125
蜀江錦(隋-初唐)
(나라 · 법륭사)
_ 129

그림 Ⅲ-126
보상화문금신발寶相華文錦履(唐)
(신강 위구르 자치구 · 투르판 출토)
_ 130

그림 Ⅲ-127
보상화문금(唐)
(나라 · 정창원)
_ 130

그림 Ⅲ-128
蝶鈿文鏡(唐)
(하남성 낙양)
_ 130

그림 Ⅲ-129
낙타타고 비파켜기(唐)
(나라 · 정창원)
_ 130

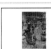
그림 Ⅲ-130
코끼리를 탄 악단(唐)
(나라 · 정창원)
_ 130

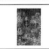
그림 Ⅲ-131
天壽國繡帳(飛鳥時代)
(나라 · 中宮寺)
_ 131

그림 Ⅲ-132
高松塚女人像(白鳳時代)
(나라 · 고송총고분벽화)
_ 131

그림 Ⅲ-133
吉祥天女像(나라시대)
(나라 · 藥師寺)
_ 131

그림 IV-1
後唐 莊宗의 肖像(五代)
(대만 · 고궁박물원)
_ 135

그림 IV-2
관인야연도(오대)
_ 135

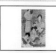
그림 IV-3
宮女樂人의 그림(五代)
(대만 · 고궁박물원)
_ 136

그림 IV-4
문인들의 모임(五代)
(대만 · 고궁박물원)
_ 136

그림 IV-5
기마출행도(당말~오대)
(프랑스 · 기메Guimet 박물관)
_ 136

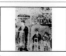
그림 IV-6
우전왕부처(돈황벽화그림)
_ 137

그림 IV-7
낙부인공양도(돈황벽화)
_ 137

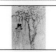
그림 IV-8
공양자소녀상(돈황벽화)
_ 137

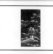
그림 IV-9
雪漁圖(五代) 대만 · 고궁박물원
_ 137

그림 IV-10
宋太祖의 半身像(宋)
(대만 · 고궁박물원)
_ 138

그림 IV-11
刺繡가 있는 裃裟(宋)
(교토 · 知恩院)
_ 138

그림 IV-12
宋太宗 立像(宋)
(대만 · 고궁박물원)
_ 141

그림 IV-13
宋仁宗 坐像(宋)
(대만 · 고궁박물원)
_ 141

그림 IV-14
蘇東坡의 초상화(宋)
(대만 · 고궁박물원)
_ 142

그림 IV-15
송대의 士大夫(宋)
(대만 · 고궁박물원)
_ 142

그림 IV-16
宋 眞宗皇后坐像(宋)
(대만 · 고궁박물원)
_ 143

그림 IV-17
宋 哲宗皇后半身像(宋)
(대만 · 고궁박물원)
_ 143

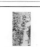
그림 IV-18
수도의(宋) 번성
_ 144

그림 IV-19
長袍를 입은 궁녀(宋)
(대만 · 고궁박물원)
_ 144

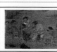
그림 IV-20
구애도(炙芮圖)(宋)
(대만 · 고궁박물원)
_ 144

그림 IV-21
완구를 파는 남자(宋)
(대만 · 고궁박물원)
_ 144

그림 IV-22
놀고있는 아이들(宋)
(대만 · 고궁박물원)
_ 144

그림 IV-23
觀音曼荼羅圖(宋)
(영국 · 대영박물관)
_ 146

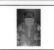
그림 IV-24
송대의 道士(宋)
(이태리 · 밀라노박물관)
_ 146

그림 IV-25
부부묘벽화(송)
_ 146

그림 IV-26
목판화
_ 147

그림 IV-27
거란인의 복장
_ 149

그림 IV-28
말과 여진인(고궁명화)
_ 149

그림 IV-29
거란의 태자 이찬화가 그린 자화상이며
거란 관리의 복장
_ 150

그림 IV-30
요묘벽화의 거란인 화상으로 거란의
고급 관리
_ 150

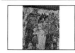
그림 IV-31
거란인의 복장(11세기)
(길림성ㆍ庫倫遼墓 벽화)
_ 151

그림 IV-32
요묘벽화의 악단(11세기)
(길림성ㆍ요묘벽화)
_ 151

그림 IV-33
여진인
_ 152

그림 IV-34
변발한 귀족(9-10세기)
(신강 위구르 자치구ㆍ베제리크벽화)
_ 154

그림 IV-35
위그르의 귀족(1)
_ 154

그림 IV-36
위그르의 귀족(2)
_ 154

그림 IV-37
위그르의 귀부인
_ 154

그림 IV-38
위그르부인
_ 154

그림 IV-39
티베트복장(1)
_ 155

그림 IV-40
티베트복장(2)
_ 155

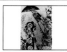
그림 IV-41
서하의 귀족
_ 155

그림 IV-42
티베트귀족의 성장(5대)
_ 155

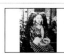
그림 IV-43
티베트귀부인의 성장(청)
_ 155

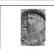
그림 IV-44
광택 나는 그림의 그릇(12-3세기)
(이란ㆍ카잔Qazan 출토)
_ 156

그림 IV-45
미나이수Minai手의 그림접시(12-3세기)
(미국ㆍ메트로폴리탄박물관)
_ 156

그림 IV-46
매사냥의 타일화(12-13세기)
_ 156

그림 IV-47
사라센의 귀족(14세기)
(영국ㆍ대영박물관)
_ 157

그림 IV-48
아무시루왕(14세기)
(영국ㆍ대영박물관)
_ 157

그림 IV-49
비로도 錦(16세기)
(미국 · 클리브랜드미술관)
_ 158

그림 IV-50
樹下美人의 朱珍(16세기)
(미국 · 클리블랜드미술관)
_ 158

그림 IV-51
풍신수길의 진바오리(陣羽織, 16세기)
(京都 · 高台寺)
_ 158

그림 IV-52
이란의 가운(16세기)
_ 159

그림 IV-53
터키의 춤추는 사람(18세기)
(터키陣羽織 · 앙카라박물관)
_ 159

그림 IV-54
오스만 터키의 오버코트
_ 159

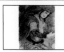
그림 IV-55
이란의 귀부인(17세기)
_ 159

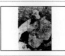
그림 IV-56
이란의 무사(17세기)
_ 159

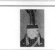
그림 IV-57
世祖皇后의 초상(元)
(대만 · 고궁박물원)
_ 162

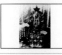
그림 IV-58
몽골귀부인의 성장(청)
_ 162

그림 IV-59
오고타이의 초상(元)
(대만 · 고궁박물원)
_ 162

그림 IV-60
世祖出獵圖(元)
(대만 · 고궁박물원)
_ 162

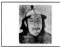
그림 IV-61
인종의 초상(원)
_ 163

그림 IV-62
남장궁녀(원)
_ 163

그림 IV-63
당나귀를 탄 송인(원)
_ 164

그림 IV-64
영락궁벽화(원)
_ 164

그림 IV-65
투다도(원)
_ 164

그림 IV-66
몽골인의 의복
_ 164

그림 IV-67
징기스칸의 그림(14세기)
(영국 · 대영박물관)
_ 165

그림 IV-68
몽고전래회도(鎌倉)
(동경박물관)
_ 165

그림 IV-69
원대의 雜伎盜用(元)
(하남성 · 焦作 출토)
_ 165

그림 IV-70
원대의 刻子織物(元)
(신강 위구르 자치구 · 우르무처 출토)
_ 165

그림 IV-71
조선 저고리의 변천도(대곽선중심)
_ 169

그림 V-1
哀服의 嘉靖帝(元)
(신강 위구르 자치구 · 우르무처 출토)
_ 175

그림 IV-25
부부묘벽화(송)
_ 146

그림 IV-26
목판화
_ 147

그림 IV-27
거란인의 복장
_ 149

그림 IV-28
말과 여진인(고궁명화)
_ 149

그림 IV-29
거란의 태자 이찬화가 그린 자화상이며
거란 관리의 복장
_ 150

그림 IV-30
요묘벽화의 거란인 화상으로 거란의
고급 관리
_ 150

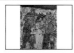
그림 IV-31
거란인의 복장(11세기)
(길림성 · 庫倫遼墓 벽화)
_ 151

그림 IV-32
요묘벽화의 악단(11세기)
(길림성 · 요묘벽화)
_ 151

그림 IV-33
여진인
_ 152

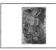
그림 IV-34
변발한 귀족(9-10세기)
(신강 위구르 자치구 · 베제리크벽화)
_ 154

그림 IV-35
위그르의 귀족(1)
_ 154

그림 IV-36
위그르의 귀족(2)
_ 154

그림 IV-37
위그르의 귀부인
_ 154

그림 IV-38
위그르부인
_ 154

그림 IV-39
티베트복장(1)
_ 155

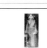
그림 IV-40
티베트복장(2)
_ 155

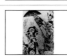
그림 IV-41
서하의 귀족
_ 155

그림 IV-42
티베트귀족의 성장(5대)
_ 155

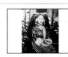
그림 IV-43
티베트귀부인의 성장(청)
_ 155

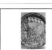
그림 IV-44
광택 나는 그림의 그릇(12-3세기)
(이란 · 카잔Qazan 출토)
_ 156

그림 IV-45
미나이수Minai手의 그림접시(12-3세기)
(미국 · 메트로폴리탄박물관)
_ 156

그림 IV-46
매사냥의 타일화(12-13세기)
_ 156

그림 IV-47
사라센의 귀족(14세기)
(영국 · 대영박물관)
_ 157

그림 IV-48
아무시루왕(14세기)
(영국 · 대영박물관)
_ 157

그림 IV-49
비로도 錦(16세기)
(미국 · 클리브랜드미술관)
_ 158

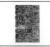
그림 IV-50
樹下美人의 朱珍(16세기)
(미국 · 클리블랜드미술관)
_ 158

그림 IV-51
풍신수길의 진바오리(陣羽織, 16세기)
(京都 · 高台寺)
_ 158

그림 IV-52
이란의 가운(16세기)
_ 159

그림 IV-53
터키의 춤추는 사람(18세기)
(터키陣羽織 · 앙카라박물관)
_ 159

그림 IV-54
오스만 터키의 오버코트
_ 159

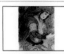
그림 IV-55
이란의 귀부인(17세기)
_ 159

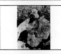
그림 IV-56
이란의 무사(17세기)
_ 159

그림 IV-57
世祖皇后의 초상(元)
(대만 · 고궁박물원)
_ 162

그림 IV-58
몽골귀부인의 성장(청)
_ 162

그림 IV-59
오고타이의 초상(元)
(대만 · 고궁박물원)
_ 162

그림 IV-60
世祖出獵圖(元)
(대만 · 고궁박물원)
_ 162

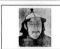
그림 IV-61
인종의 초상(원)
_ 163

그림 IV-62
남장궁녀(원)
_ 163

그림 IV-63
당나귀를 탄 송인(원)
_ 164

그림 IV-64
영락궁벽화(원)
_ 164

그림 IV-65
투다도(원)
_ 164

그림 IV-66
몽골인의 의복
_ 164

그림 IV-67
징기스칸의 그림(14세기)
(영국 · 대영박물관)
_ 165

그림 IV-68
몽고전래회도(鎌倉)
(동경박물관)
_ 165

그림 IV-69
원대의 雜伎盜用(元)
(하남성 · 焦作 출토)
_ 165

그림 IV-70
원대의 刻子織物(元)
(신강 위구르 자치구 · 우르무처 출토)
_ 165

그림 IV-71
조선 저고리의 변천도(대곽선중심)
_ 169

그림 V-1
袞服의 嘉靖帝(元)
(신강 위구르 자치구 · 우르무처 출토)
_ 175

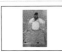
그림 Ⅴ-2
朝服의 宣德帝(明)
(대만 · 고궁박물원)
_ 175

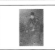
그림 Ⅴ-3
永樂帝의 초상(明)
(이태리 · 밀라노박물관)
_ 175

그림 Ⅴ-4
黃金製 翼善冠(明)
(북경 · 역사박물관)
_ 176

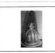
그림 Ⅴ-5
萬曆帝의 甲冑(明)
(북경 · 역사박물관)
_ 176

그림 Ⅴ-6
매사냥하는 선덕제(明)
(대북 · 고궁박물관)
_ 176

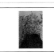
그림 Ⅴ-7
황후의 鳳冠(明)
(북경 · 역사박물관)
_ 177

그림 Ⅴ-8
명대의 황태후(明)
(이태리 · 밀라노박물관)
_ 177

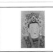
그림 Ⅴ-9
成祖황후의 초상(明)
(대만 · 고궁박물원)
_ 177

그림 Ⅴ-10
용봉관과 국의(명)
_ 177

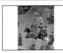
그림 Ⅴ-11
世宗出行圖(明)
(대만 · 고궁박물원)
_ 178

그림 Ⅴ-12
세조 원행도(명)
_ 178

그림 Ⅴ-13
명대의 문인(明)
(대만 · 고궁박물원)
_ 179

그림 Ⅴ-14
명대의 道士(明)
(이태리 · 밀라노박물관)
_ 179

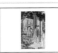
그림 Ⅴ-15
청대 초기의 궁녀(淸)
(대만 · 고궁박물원)
_ 179

그림 Ⅴ-16
직조하는 부인(경직도)
_ 179

그림 Ⅴ-17
승마의 건륭제(淸)
(대만 · 고궁박물원)
_ 180

그림 Ⅴ-18
단조(청)
_ 181

그림 Ⅴ-19
夏冠과 冬冠(淸)
(대만 · 역사박물관)
_ 185

그림 Ⅴ-20
황제의 동관(청)
_ 182

그림 Ⅴ-21
飛鶴文의 胸背(朝鮮)
(서울 · 국립중앙박물관)
_ 183

그림 Ⅴ-22
雙虎文의 흉배(朝鮮)
(서울 · 국립중앙박물관)
_ 183

그림 Ⅴ-23
晩年의 乾隆帝(淸)
(이태리 · 밀라노박물관)
_ 183

그림 Ⅴ-24
하조복(청)
_ 183

그림 Ⅴ-25
보자가 있는 포(청)
_ 184

그림 V-26
보복(청)
_ 184

 그림 V-27
농관의 포(청)
_ 184

 그림 V-28
악생의 포(청)
_ 184

 그림 V-29
白紗袍(淸)
(대만 · 역사박물관)
_ 184

 그림 V-30
龍文의 朝裙(淸)
(동경 · 杉野여자대학)
_ 185

 그림 V-31
조복의 황제와 二妃(淸)
(이태리 · 밀라노박물관)
_ 185

 그림 V-32
황제용 상복의 괘(청)
_ 185

 그림 V-33
황후용 상복의 괘(청)
_ 185

 그림 V-34
황후용 용문조괘(청)
_ 186

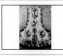 그림 V-35
고급 무관용 사자조괘(청)
_ 186

 그림 V-36
여자용 괘(淸)
(동경 · 杉野스기노여자대학)
_ 186

 그림 V-37
여자용 襖(淸)
(동경 · 杉野스기노여자대학)
_ 186

 그림 V-38
交襟女褂(淸)
(대만 · 역사박물관)
_ 187

 그림 V-39
여름의 女袍(淸)
(대만 · 역사박물관)
_ 187

 그림 V-40
청나라 부인의 盛裝
(대만 · 王宇淸 소장)
_ 187

 그림 V-41
황후용 동조관(청)
_ 187

 그림 V-42
청대의 황비(淸)
(이태리 · 밀라노박물관)
_ 188

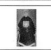 그림 V-43
황태후의 초상(淸)
(이태리 · 밀라노박물관)
_ 188

 그림 V-44
황후의 초상(淸)
(이태리 · 밀라노박물관)
_ 188

 그림 V-45
양파두의 두식(청)
_ 188

 그림 V-46
황후용 동조군(청)
_ 188

 그림 V-47
香妃의 초상(淸)
(대만 · 고궁박물원)
_ 189

 그림 V-48
청군 8기의 군장
_ 189

 그림 V-49
鹿車文의 大皿(淸)
(동경박물관)
_ 190

그림 V-50
귀족의 잔치(淸)
(대만 · 고궁박물원)
_191

그림 V-51
궁녀의 달구경그림(淸)
(대만 · 고궁박물원)
_191

그림 V-52
화조문 자수(淸)
(대만 · 역사박물관)
_192

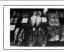
그림 V-53
纏足의 신발(淸)
(대만 · 역사박물관)
_194

그림 V-54
건륭황제의 용포
_196

그림 V-55
황제 조복의 용포도
_196

그림 V-56
황제 하조복의 용포도(전면)
_196

그림 V-57
황제 하조복도(뒤면)
_196

그림 V-58
황후 동조복의 용포도
_196

그림 V-59
龍袍(淸)
(대만 · 역사박물관)
_197

그림 V-60
기포의 형상
_197

그림 V-61
旗袍(國民初期)
_198

그림 V-62
滿州기포(淸)
(동경박물관)
_199

그림 V-63
裙襖의 복장(국민초기)
_199

그림 V-64
마괘의 형상
_199

그림 V-65
조선영조의 초상(朝鮮)
(彦根 · 宗安寺)
_203

그림 V-66
東宮妃 혼례복
(서울 · 세종대학교)
_204

그림 V-67
조선의 귀족
(서울 · 국립중앙박물관)
_205

그림 V-68
양반의 복장
_205

그림 V-69
船遊圖(朝鮮)
_207

그림 V-70
기생(朝鮮)
_207

그림 V-71
관리와 농민(朝鮮)
_208

그림 V-72
하층서민의 복장(조선)
_208

그림 V-73
표준 치마저고리의 복장
_208

_ 通史

尙秉和, 『歷代社會風俗事物考』, 秋田成明譯, 1943.

張亮采, 『中國風俗史』, 香港, 1963.

外文出版社, 『新中國出土文物』, 北京, 1972.

朝日新聞社, 『文化大革命中の中國出土文物』, 1973.

文化出版社, 『絲綢之路 漢唐織物』, 北京, 1972.

古故宮博物院, 『故宮圖像選莘』, 臺灣, 1971.

古故宮博物院, 『故宮人物畵圖選莘』, 臺灣, 1973.

王宇淸, 『歷代婦女袍服巧實室』, 臺灣, 1974.

瞿宣潁, 『中國社會史料叢鈔 全3卷』, 商務院書館, 1936.

角川書店, 『圖說世界文化史大系・東西文化交流』, 1959.

王宇淸, 『中國服飾史綱』, 臺灣, 1969.

李杜鉉等, 『韓國民俗學槪論』, 崔吉城譯, 1972.

歐陽詢等, 『禮文類聚』.

王圻撰, 『三才圖會』.

高丞撰, 『事物起源』.

浜田耕作, 『東亞考古學硏究』, 1930.

原田淑人, 『東亞考古文化硏究』, 1940.

原田淑人, 『東亞高文化論攷』, 1944.

A. Stein, *Innermost Asia*, 1928.

羽田享, 『西域文明史槪論』, 1931.

江上波夫, 『ユ─ラシア古代北方文化の硏究』, 1950.

梅原末治, 『古代北方界文化の 硏究』, 1938.

中國科學院, 『新中國の 考古收穫』, 杉村勇造譯, 1963.

講談社, 『世界の美物館・ボストン東洋』, 1969.

講談社, 『世界の美物館・ギメ東洋美術館』, 1969.

講談社, 『世界の美物館・東京國立博物館1』, 1969.

佐藤雅彦, 『中國の土偶』, 1965.

朝日新聞社, 『中華人民共和國出土文物展圖錄』, 1973.

井上靖 宮川寅雄, 『中國の 美術と考古』, 1972.

朝日新聞社, 『韓國美術五千年展圖錄』, 1976.

長廣敏雄, 『帶鉤の 硏究』, 1943.

E・マッキューーン, 『朝鮮美術圖史』, 齋藤養治譯, 1963.

D・リオン, 『中國美術』, 金子重隆譯, 1963.

梅原末治, 『東亞考古學論攷』, 1943.

鳥山喜一, 『滿鮮文化史論』, 1943.

內藤虎次郎, 『東洋文化史研究』, 1936.

兵田耕作, 『東洋美術史研究』, 1943.

リヒトホーーフェン, 『支那全5卷』, 東亞研究叢書, 1941.

農林省, 『支那歷代親耕親蠶考』, 1934.

Alide und W. Eberhard, *Die Mode der Han-und*, Chin Zeit., 1940.

座右寶刊, 『旅順博物館圖錄』, 1953.

李甲孚, 『中國古代的女性』, 臺灣, 1973.

王宇清, 『歷運服色考』, 臺灣, 1971.


  _ 古代

角川書店, 『圖說世界文化史大系・中國Ⅰ』, 1959.

角川書店, 『世界美術全集 中國(1),(2)』, 1961.

平凡社, 『世界美術全集 中國I』, 1950.

梅原末治, 『蒙古ノインウラ發見の遺物』, 1950.

角川書店, 『圖說世界文化史大系・オリエントⅠ』, 1959.

江上波夫, 『ユーラシア古代北方の研究』, 1951.

角川書店, 『圖說世界文化史大系・北アジア・中央アジア』, 1959.

角川書店, 『圖說世界文化史大系・インド・東南アジア』, 1959.

角川書店, 『世界美術全集・インド』, 1961.

角川書店, 『世界美術全集』, 1961.

王宇清, 『冕服服章之研究』, 臺灣, 1965.

聶崇義, 『三禮圖』.

劉宋 范曄撰, 『後漢書』「輿服志」.

黃宗義, 『深衣考』.

王國維, 『胡服考』.

原田淑人, 『漢六朝の服飾』, 1937.

張末元, 『漢朝服裝圖樣資料』, 1963.

『論語』.

『詩經』.

『禮記』.

『儀禮』.

『周禮』.

司馬遷, 『史記』.

班固撰, 『漢書』.

講談杜, 『中國の歷史』, 秦漢帝國, 1969.

世界文化史, 『世界歷史シリズ・古代中國』, 1963.

講談杜, 『世界美術大系 中國美術 I』, 1964.

講談杜, 『世界美術大系・オリエント』, 1964.

講談杜, 『圖說中國の歷史1,2』, 1977.

劉歆撰, 『西京雜記』.

劉向撰, 『說苑』.

劉安撰, 『淮南子』.

伏無忌撰, 『古今注』.

蔡邕撰, 『獨斷』.

董仲舒撰, 『春秋繁露』.

許愼撰, 『說文解字』.

王充撰, 『論衡』.

アンダ―ソン, 『黃土地帶』, 松崎壽和譯, 1944.

東京 中日新聞社, 『チグリス・ユ―フラテス文明展圖錄』, 1974.

東京 中日新聞社, 『古代 シリア展圖錄』, 1977.

東京 中日新聞社, 『メソポタミア展圖錄』, 1967.

江上波夫, 『美術の誕生』, 1965.

キエラ, 『粘土に書かれた歷史』, 板倉勝正譯, 1958.

日本經濟新聞社, 『中華人民共和國古代靑銅器展圖錄』, 1976.

松田壽男, 『砂漠の文化』, 中公新書, 1966.

香山陽坪, 『砂漠と草原の遺寶』, 角川新書, 1963.

樋口隆康, 『古代中國を發掘する』, 1975.

S.I.ルデンコ, 『スキタイ 時代 アルタイ 山地民族の文化 露文』, 1953.

ソ 連アカデミ報告, 『人類學と民族誌No16』, 露文, 1953.

ソ 連アカデミ報告, 『中央アジア民族誌No2』, 露文, 1959.

猪雄兼繁, 『古代の服飾』, 1962.

齊藤忠, 『古代の裝身具』, 1963.

駒井和愛, 『中國古鏡の硏究』, 1952.

ヘロドトス, 『歷史』, 松平千秋譯, 1967.

A オクラドニコフ, 『シベリアの古代文化』, 1974.

ヤクボ―フスキ―他, 『西域の秘寶と求めて--』, 1969.

江上波夫, 『聖書傳說と粘土板文明』, 1970.

樋口隆康, 『北京原人から銅器まで』, 1969.


_中世

角川書店, 『圖說世界文化史大系 中國II』, 1959.

角川書店, 『世界美術全集 中國(3),(4)』, 1961.

平凡社, 『世界美術全集 中國II』, 1950.

角川書店, 『圖說世界文化史大系オリエントII』, 1959.

增田精一, 『砂に埋 シルクロ―ド』, 1970.

角川書店, 『圖說世界文化史大系』, 朝鮮 東北アジア, 1959.

香山陽坪, 『騎馬民族の遺産』, 1970.

角川書店, 『世界美術全集・イスラム』, 1961 かれた.

原田淑人, 『支那唐代の服飾』, 1921.

西域文化研究會, 『西域文化研究 全6巻』, 1963.

原田淑人, 『西域發見の繪畫にみえたる服飾の研究』, 1925.

有光教一他, 『半島と大洋の遺跡』, 1970.

關野貞, 『朝鮮美術史』, 1932.

關野貞, 『朝鮮古蹟圖譜15巻』, 1916~1935.

金東旭, 『李朝前期服飾研究』, 京城, 1963.

小泉顯夫, 『樂浪彩篋塚』 1934.

梅原末治, 『朝鮮古代の文化』 1946.

梅原末治・藤田亮策, 『朝鮮古文化綜鑑』, 1947.

李如星, 『朝鮮服飾考』, 1947.

朝鮮總督府, 『高麗以前の風俗關係資料撮要』, 1941.

カルピニ・ルブルク, 『中央アジア蒙古旅行記』, 護雅夫譯, 1965.

人物往來社, 『東洋の歴史5』, 1967.

講談社, 『中國の歴史・隋唐帝國』, 1969.

講談社, 『圖説中國の歴史4』, 1977.

講談社, 『圖説中國の歴史11』, 1977.

講談社, 『世界の美術館・エルミタ―ヅュ』, 1969.

講談社, 『世界の美術館・大英博物館Ⅰ』, 1969.

講談社, 『世界美術大系・中國美術2』, 1964.

池內宏, 『梅原末治』, 通溝, 1940.

金富軾, 『三國史記』.

僧一然, 『三國遺事』.

香川默識, 『西域考古圖譜』, 1915.

平凡社, 『日本の美術』 シルクロ―ドと正倉院, 1966.

講談社, 『中國の歴史 魏晉南北朝』, 1969.

陣壽撰, 『三國志』.

房玄齡撰, 『晉書』「輿服志」.

蕭子顯撰, 『南齊書』「輿服志」.

楊衒之撰, 『洛陽伽藍記』.

宋懍撰, 『荊楚歲時記』.

張華撰, 『博物志』.

顏之推撰, 『顏之家訓』.

劉昫等撰, 『舊唐書』「輿服志」.

歐陽脩等撰, 『新唐書』「車服志」.

段成式撰, 『西陽雜俎』.

王仁裕撰, 『開元天寶遺事』.

陶穀撰, 『清異錄』.

杜佑撰, 『通典』.

王溥撰, 『唐會要』.

A.Stein, *Ancient Khotan*, 1907.

A.Stein, *Serindia*, 1921.

上原芳太郎編, 『新西域記全2卷』, 1937.

朝日新聞社, 『鳥居龍藏全集第六卷』, 1976.

日本經濟新聞社, 『スキタイとシルクロ―ド展圖錄』, 1969.

石田幹之助, 『增訂長安の春』, 平凡社, 1967.

每日新聞社, 『中和人民共和國 漢唐壁畵展圖錄』, 1975.

李志常, 『長春眞人西遊記』.

森豊, 『海獸葡萄鏡』, 中公新書, 1973.

小野勝年, 『高句麗の壁畵』, 1956.

伝藝子, 『正倉院考古記』, 1941.

北川桃雄, 『敦煌美術の旅』, 1963.

潘絜玆, 『莫高窟藝術』, 上海, 1957.

平凡社, 『法顯傳・松韻行紀』, 長沢和俊譯, 1973.

マルコ・ポーロ, 『東方見聞錄』, 靑木一夫譯, 1960.


_ 近世前期

角川書店, 『圖說世界文化史大系』 中國III, 1959.

角川書店, 『世界美術全集』 中國(5), 1961.

平凡社, 『世界美術全集』 中國III, 1961.

W.Lillys, *Persian Miniatures* (The Story of Rustam).

H. Suleiman, *Miniatures of Babur-Nama*, 1970.

趙珙撰, 『蒙韃備錄』.

彭大雅撰, 『黑韃事略』.

村上正二譯注, 『モンゴル秘史 全3卷』, 1970.

鳥居きみ子, 『土俗學上より 觀たろ蒙古』, 1927.

田村實造, 『小林行雄 慶陵』, 1927.

脫脫等撰, 『宋史 輿服志』.

宇文懋昭撰, 『大金國志』.

脫脫等修, 『金史 輿服志』.

宋濂等修, 『元史 輿服志』.

柯劭忞, 『新元史 輿服志』.

馬端臨撰, 『文獻通考』.

脫脫等撰, 『遼史 輿服志』.

葉隆禮撰, 『契丹國史』.

陶宗儀撰, 『輟耕錄』.

ド―ソン, 『蒙古史 全2卷』, 田中萃一郎譯, 1933.

文物出版社, 『永樂宮壁畵集』, 1958.

讀買新聞社, 『永樂宮壁畫展目錄』, 1946.

講談社, 『中國の歷史6』 元 · 明, 1974.

『圖說中國の歷史6』, 1977.

金宗瑞 · 鄭麟趾等撰, 『高麗史』.

金宗瑞等撰, 『高麗史節要』.

徐兢撰, 『宣和奉使高麗圖經40卷』.

宋綬等撰, 『宋會要』.

孟元老撰, 『東京夢華錄』.

費著撰, 『蜀錦譜』.


_ 近世後期

角川書店, 『圖說世界文化史大系』 中國Ⅳ, 1959.

角川書店, 『世界美術全集』 中國(6), 1961.

平凡社, 『世界美術全集』 中國Ⅳ, 1961.

S. Cammam, *China's Dragon Robes*, 1951.

Priest and Simmons, *Chinese Textiles*, 1934.

*Antichi Ritratti*, Cinesi Milano

講談杜, 『中國の歷史』 清帝國, 1970.

宮崎市定, 『アジア史論考 下卷』, 1976.

宮崎市定, 『アジア史研究第』, 1962.

誠文堂 新光社, 『東洋文化史大系』 清代のアジア, 1938.

洪錫謨, 『朝鮮歲時記』, 東洋文庫, 1973.

朝鮮總督府, 『李朝實錄風俗關係資料撮要』, 1939.

張廷玉等修, 『明史』 輿服志.

徐薄等撰, 『大明會典』.

崑岡等撰, 『大淸會典』, 『光緒會典』.

中川忠英, 『淸俗紀聞』.

內山淸, 『貿易商よりみたる支那風俗の 研究』, 1915.

井上紅梅, 『支那風俗3卷』, 1921.

靑木正兒, 『北京風俗圖譜報2卷』, 1964.

宋應星撰, 『天工開物』

李斗撰, 『揚州畫舫錄』.

敦崇撰, 『燕京歲時記 園田一龜 韃靼漂流記の 研究』, 1939.

西淸撰, 『黑龍江外記』.

焦秉貞, 『耕織圖』.

李瀷撰, 『星湖塞說』.

桂川甫周, 『北槎聞略』, 1937.

# 찾아보기

초판1쇄 발행 | 2013년 4월 25일

편저자 스기모토 마사토시 杉本正年
옮긴이 조우현
펴낸이 홍기원

주간    박호원
총괄    홍종화
디자인  정춘경·김정하
편집    오경희·조정화·오성현·신나래·정고은·김민영·김선아
관리    박정대·최기엽

펴낸곳 민속원    출판등록 제18-1호
주소 서울 마포구 대흥동 337-25    전화 02) 804-3320, 805-3320, 806-3320(代)    팩스 02) 802-3346
이메일 minsok1@chollian.net, minsokwon@naver.com
홈페이지 www.minsokwon.com

ISBN    978-89-285-0152-6    93590

이 번역본은 저작권자(편저자 杉本正年·출판 衣生活研究会)와 연락이 닿지 않아
부득이 허가를 구하지 못하고 출간되었습니다. 이후 연락 닿는 대로 적법한 절차를 밟고 저작료를 지불하겠습니다.